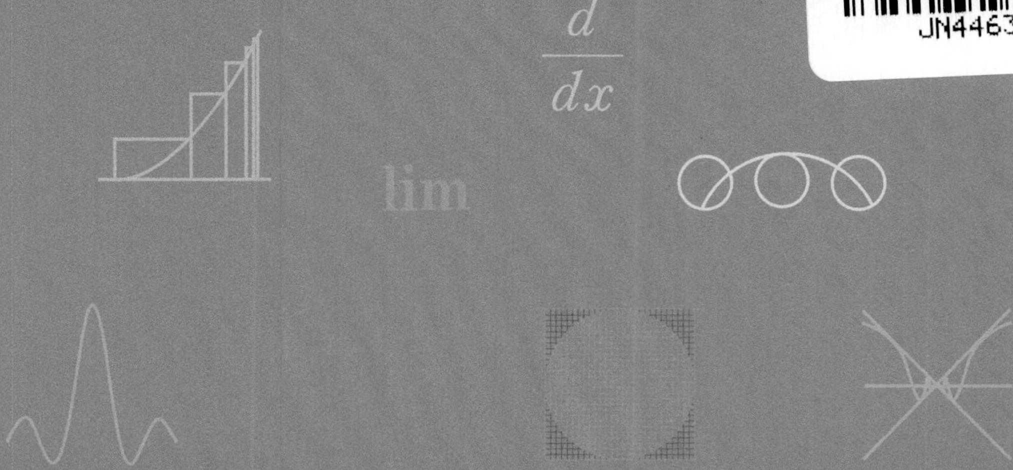


CALCULUS

# Go 언어로 다시 보는
# 미적분학

강효상 지음

KM 경문사

Go 언어로 다시 보는

# 미적분학

지은이 강효상
펴낸이 조경희
펴낸곳 경문사
펴낸날 2025년 2월 21일 1판 1쇄
등 록 1979년 11월 9일 제1979-000023호
주 소 04057, 서울특별시 마포구 와우산로 174
전 화 (02)332-2004 팩스 (02)336-5193
이메일 kyungmoon@kyungmoon.com

값 18,000원

ISBN 979-11-6073-753-0

# 머리말

레고(Lego)는 제가 어릴 때 가장 재미있게 가지고 놀았던 장난감입니다. 그 때를 회상하면 레고는 저에게 크게 두 가지 즐거움을 주었습니다. 첫 번째는 새로 산 레고의 상자를 뜯고 설명서대로 하나의 작품을 완성하는 즐거움이었습니다. 신기하게도 그 때 만들었던 작품이 무엇인지는 하나도 기억나지 않지만, 몇 시간 동안 집중해서 조각을 맞춘 기억만이 즐거운 추억으로 남아 있습니다. 이 추억은 강렬하게 남아있지만 레고를 가지고 놀던 즐거운 추억의 작은 일부일 뿐입니다. 왜냐하면 새로운 레고를 사는 것이 자주 있었던 일은 아니었기 때문입니다.

두 번째 즐거운 기억은 뒤섞인 레고 조각을 펼쳐놓고 친구들과 함께 내 마음대로 집, 비행기, 자동차 같은 것을 만들던 때입니다. 사실 제가 레고를 가지 놀던 추억의 대부분은 이러한 기억입니다. 무엇을 만들지 정하지도 않았고 설명서도 없었지만 저를 포함한 모든 아이들이 자신만의 작품을 만드는 데 집중했었습니다. 어린 저의 눈에는 레고 조각이 무한히 많은 것처럼 보였고, 그래서 무엇이든 만들 수 있다고 생각했습니다. 필요한 조각을 찾는 재미도 있었고, 필요한 조각이 없으면 없는대로 결과를 수정하는 재미도 있었습니다. 누구도 서로가 만든 작품을 평가하지 않았고 시간에 쫓기지도 않았습니다. 애초에 완성이나 미완성이라는 개념 자체가 없었습니다. 왜냐하면 우리에게 중요한 것은 각자 만든 작품으로 이야기를 만들어 내고 그것을 서로 공유하며 그 이야기에 몰입하는 것이었기 때문입니다.

수학은 레고와 같습니다. 이것을 크게 세 가지 비유로 설명할 수 있습니다. 첫째, 수학자들이 오랜 세월에 걸쳐 정립한 법칙은 레고의 설명서와 같습니다. 덧셈과 곱셈과 같은 산술 규칙을 적용해서 문제를 해결하는 과정은 설명서대로 레고 조각을 맞추어 나갈 때 느끼는 원초적인 즐거움을 줍니다. 누구나 레고 조각의 모양을 보면 그것이 어떻게 쓰이는지 알 수 있듯이, 수학적 법칙도 직관적으로 기술되어 있습니다.

둘째, 수학자들은 수학적 개념을 레고 조각처럼 조합하여 새로운 작품(정리, 성질, 증명 등)을 만들어 갑니다. 각각의 개념은 레고 조각처럼 너무나 분명한 형태를 가지고 있어서, 어떤 작품에 쓰이더라도 그 기능이 변하지 않습니다. 또한 작은 조각이 모여서 만들어 낸 작품은 새로운 이야기를 전개하는 힘을 가지고 있습니다.

셋째, 레고의 진정한 즐거움이 나만의 방식대로 작품을 만드는 것에서 시작되듯이, 수학의 진정한 즐거움은 나만의 방식으로 수학적 대상을 표현하는 것에서 시작됩니다. 아이들은 레고 조각이 맞지 않는다고 그것을 자르거나 녹여서 억지로 끼워맞추지 않습니다. 창의적이고 새로운 해결 방법을 반드시 찾아냅니다. 그로 인해 처음에 생각했던 것 보다 더 멋지고 흥미로운 결과물이 나옵니다. 이것이 레고의 본질입니다.[1] 수학의 본질 또한 개념과 법칙을 창의적으로 조합하여 그전까지 보이지 않던 새로운 의미를 찾아내는 것입니다.

미적분학은 산술 연산을 넘어 수학의 영역에 들어설 때 가장 먼저 접하는 수학적 주제를 모아놓은 분야입니다. 이 책에서는 미적분학에 등장하는 수학적 개념을 새로운 관점과 방식으로 다시 한 번 살펴보려 합니다. 기계적이고 강박적인 방식과 완전히 반대의 방식을 채용하기 위해 노력하였습니다. 수학적 개념을 손으로 만지는 듯한 경험을 하고, 스스로 레고 조각처럼 수학적 개념을 가지고 놀 수 있도록 하는 것이 목표입니다. 이를 위해 세 가지 원칙을 지키려고 노력하였습니다.

첫 번째로 수학적 개념의 의미를 전달하기 위해 노력하였습니다. 어떤 대상이 왜 그렇게 정의되는지를 이해하려면 그것이 어떤 기능을 하도록 고안되었는지를 알아야 합니다. 수학적 정의가 가진 기능을 이해하면 수학적 대상의 본질적 의미를 파악할 수 있습니다. 수학적 개념이 등장할 때마다 왜 그것이 필요한지, 그것이 어떤 역할을 하는지 설명하는 데에 초점을 맞추었습

[1]70년대 레고 조립 설명서에 동봉되어있던 부모에게 보내는 편지에는 이러한 문장이 있습니다: 머리 속에 드는 생각을 자신의 방식대로 만들어 보세요. *You build whatever comes into your head, the way you want it.* `https://www.lego.com/en-us/lego-history`

니다.

두 번째로 프로그래밍 언어를 이용하여 수학적 개념이 추상적인 수준에 머물러 있지 않도록 노력하였습니다. 수학을 흔히 과학의 언어라고 하듯이, 프로그래밍 언어와 수학은 서로 깊은 관련이 있습니다. 수학적 개념을 프로그래밍 언어로 구현하는 과정에서 그것이 왜 그렇게 정의어야 하는지를 거꾸로 이해할 수도 있습니다. 이 책에서는 Python, C에 비해 덜 알려진 Go를 사용하였습니다. 그 이유는 Go 언어에 대한 생소함이 수학적 개념을 새롭게 바라보는 데 도움이 될 것이라고 생각하기 때문입니다.

마지막으로 지나치게 직관적이거나 단순한 설명을 지양하려 노력하였습니다. 수학서적을 수학적 내용의 깊이에 따라 나열하면, 교양서적이 한 쪽 끝에 전공서적 또는 수험서가 반대쪽 끝에 위치할 것입니다. 이 책에서 다루는 수학적 깊이는 양 끝단의 중간에 위치하도록 노력하였습니다. 누구에게는 지나치게 수학적이라고 느껴질 수도 있고, 다른 누구에게는 지나치게 직관적이라고 느껴질 수도 있습니다. 이렇게 두 부류로 의견이 나뉜다면, 이 책은 목표를 달성한 것입니다.

# 목차

# 제 0 장
# GO 언어 시작하기

## 0.1 GO 언어 시작하기

수학적 개념을 표현하는 방법은 다양합니다. 논리 및 수식 기호로 표현할 수도 있고, 한글이나 영어와 같은 자연 언어로 표현할 수도 있습니다. 프로그래밍 언어 또한 수학적 개념을 표현하는 한 방법입니다. 이 책에서는 Go 언어를 사용하여 수학적 개념을 표현합니다.

Go 언어는 2009년에 공개된 구글에서 개발한 프로그래밍 언어입니다. 효율적이고, 확장 가능하며, 생산적인 언어를 목표로 개발되었습니다.[1] Go 언어는 빠르게 발전하고 있고 현재 구글, 아마존, 마이크로소프트와 같은 세계적인 기업에서 주력으로 사용하는 프로그래밍 언어의 하나입니다.

**Go 언어를 설치해 봅시다.**

컴퓨터가 수행해야 할 명령을 사람이 이해할 수 있는 형태로 적은 것을 코드(code)라고 합니다. 프로그래밍 언어의 문법에 맞게 코드를 작성하는 것을 코딩(coding)이라 합니다. 프로그래밍 언어의 컴파일러(compiler)는 코드를 컴퓨터가 이해할 수 있는 기계어(assembly)로 변환하여 실행할 수 있게 해 줍니다. Go 언어를 사용하려면 Go 언어의 컴파일러가 필요합니다.

**아래의 링크에서 Go 언어의 컴파일러를 다운받고 설치합니다.**

`https://go.dev/`

[1] `https://go.dev/talks/2012/splash.article`

IDE(통합개발환경 프로그램, Integrated Development Environment)는 개발자가 쉽게 코드를 작성할 수 있도록 도와주는 프로그램을 말합니다. VS Code는 Microsoft®에서 개발된 가장 인기있는 무료 IDE 중 하나입니다.

**아래의 링크에서 VS Code를 다운받고 설치합니다.**

`https://code.visualstudio.com/`

설치한 VS Code를 실행해 봅시다. VS Code는 Go 언어의 코딩을 도와주는 여러 가지 확장 프로그램(extensions)을 제공합니다. 윈도우의 왼쪽 메뉴를 보면 [그림 0.1]과 같이 확장프로그램 메뉴를 클릭하고 go를 검색하면 Go 확장 프로그램이 보일 것입니다. `Install` 버튼을 클릭하여 설치합니다. 여기까지 잘 진행하셨다면 Go 언어를 사용할 최소한의 준비가 끝난 것입니다.

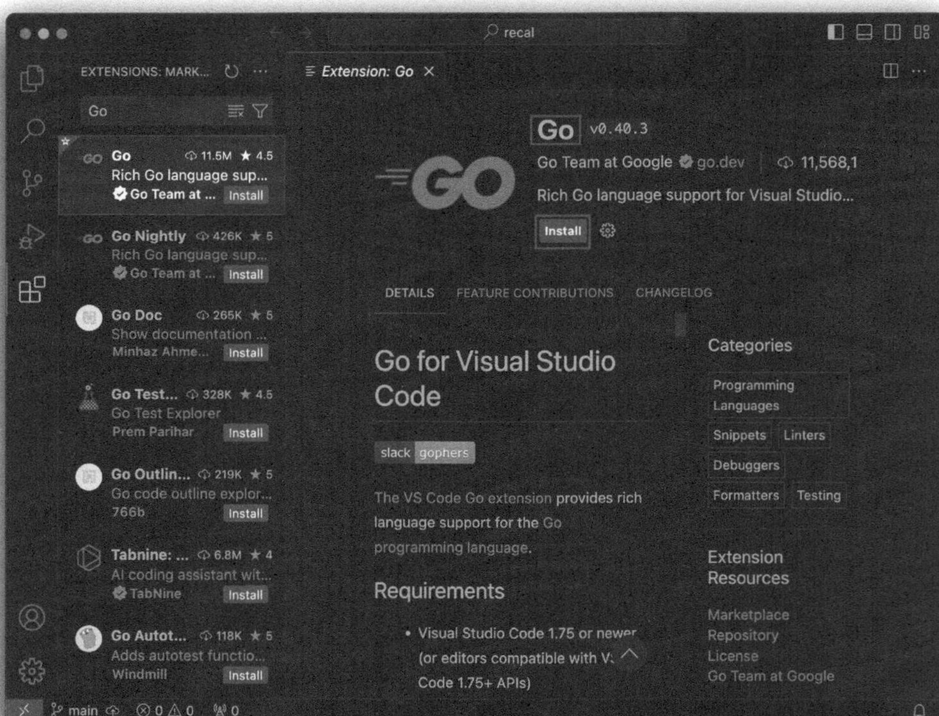


그림 0.1: Go 확장 프로그램 설치

**Go 언어로 코딩해 봅시다.**

VS Code의 파일 메뉴를 클릭하면 [그림 0.2]와 같이 `Open Folder...` 버튼이 보일 것입니다. 이를 클릭하여 새로운 폴더를 만들고 열어봅시다. 여기서는 `recal`이라는 폴더를 만들었습니다. 이 폴더는 앞으로 작업할 공간의 최상위 폴더가 됩니다. 이를 루트(root) 폴더라 합니다.

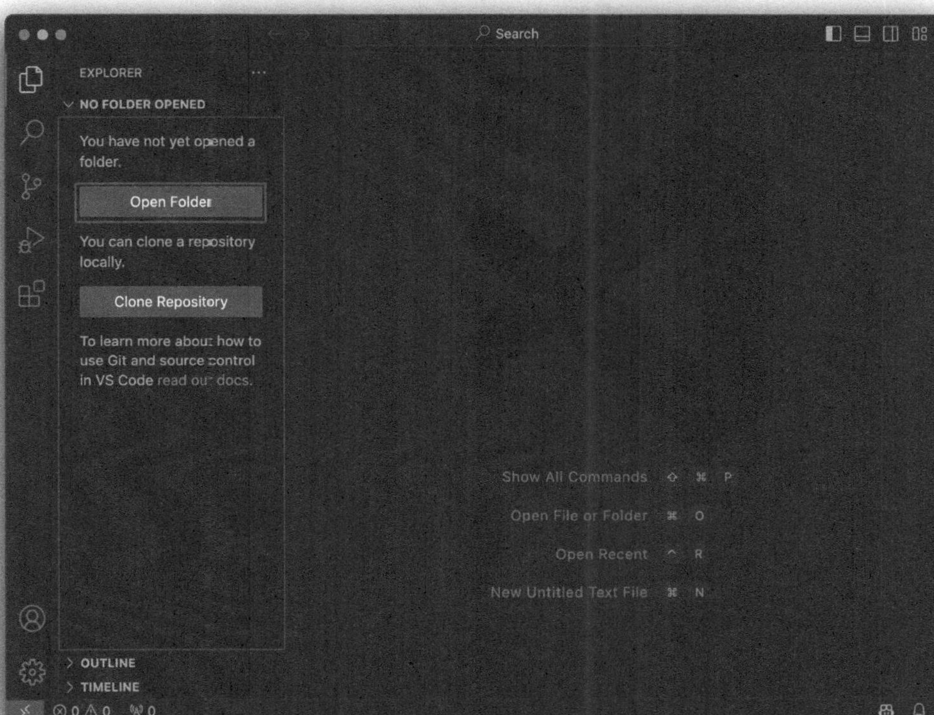


그림 0.2: 루트 폴더 만들기

모듈(module)과 패키지(package)는 Go 언어로 코딩할 때 반드시 필요한 개념입니다. 패키지는 Go 코드를 모아놓은 것이고, 모듈은 패키지를 모아놓은 것입니다. `Terminal` 메뉴에서 `New Terminal`를 클릭하여 터미널 창을 생성하고 아래의 명령어를 입력합니다.

```
go mod init recal
```

이 명령은 루트 폴더에 `recal`이라는 모듈을 생성합니다. 이제 VS Code 화면의 왼쪽에 `go.mod`라는 파일이 생성된 것을 볼 수 있습니다. 이제 파일과 폴더를 생성해 봅시다. 루트 폴더명의 오른쪽에 마우스 버튼을 가져가면 폴더와 파일을 생성하는 아이콘이 나타납니다. 루트 폴더에 `main.go` 파일을 생성하고 아래와 같이 작성한 뒤 저장합니다. 이와 같이 `.go`로 끝나는 파일을 **Go 파일**go file이라 부르겠습니다.

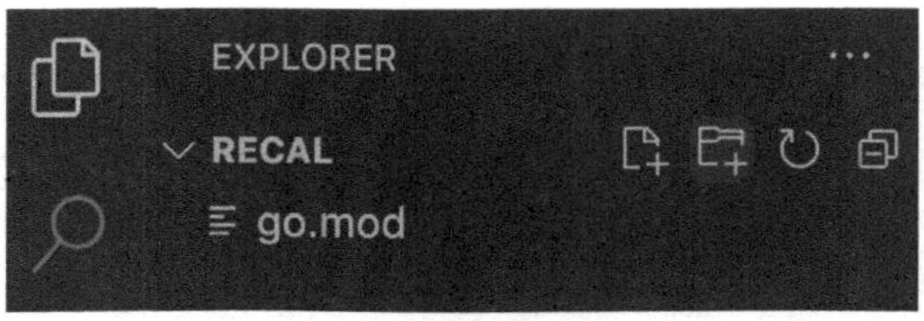


그림 0.3: go.mod 파일 생성

main.go

```
1 package main
2
3 import "fmt"
4
5 func main() {
6     fmt.Println("Calculus Revisited!")
7 }
```

**코드 설명**

**라인 1:** `main` 패키지를 선언합니다. 모든 Go 파일은 첫 줄에 그 파일이 속한 패키지를 선언해야 합니다. 패키지 `main` 을 선언하면 해당 Go 파일을 실행 파일로 컴파일됩니다.

**라인 3:** `fmt` 패키지를 임포트import합니다. 패키지 `fmt`는 문자열의 입출력에 관한 함수를 모아 놓은 패키지입니다. 이는 현재 작업중인 패키지의 외부에 있으므로 이를 불러오기 위해 `import` 를 사용합니다.

**라인 6:** 패키지 `fmt`에 정의된 함수 `Println`을 사용하여 문자열을 출력합니다. 외부 패키지에 정의된 함수(또는 변수나 구조체)를 사용하려면 패키지의 이름 뒤에 점 `.`을 붙여서 함수를 호출call합니다.

이제 아래의 명령어를 터미널 창에 입력하고 결과가 출력되는 것을 확인합니다.

```
go run main.go
```

아래의 [그림 0.4]는 지금까지의 과정을 진행한 화면입니다.

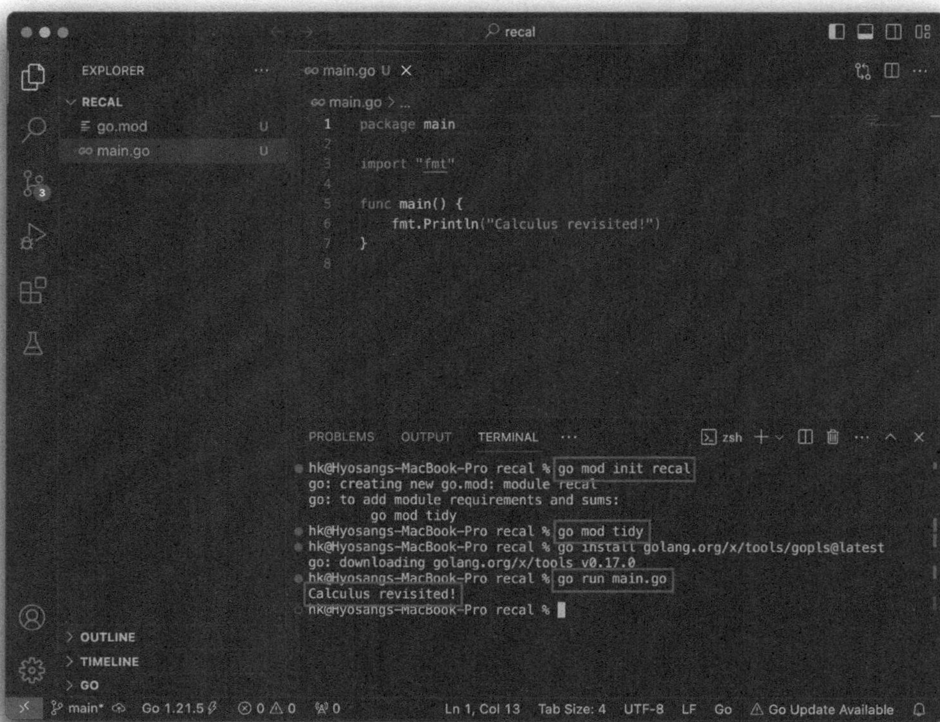


그림 0.4: main.go 실행

여기까지 잘 진행하였다면 앞으로 다룰 Go 언어를 사용하는 데 필요한 준비가 끝난 것입니다.

이 책에 사용된 그림은 모두 Go 언어로 작성되었습니다. 소스 코드는 아래 링크에서 확인할 수 있습니다.

```
https://github.com/HyosangKang/cal
```

각 그림을 생성한 코드는 부록을 참조하세요.

# 제 1 장
# 수number의 개념

주판abacus은 구슬의 위치로 숫자를 표현하는 도구입니다. 오래전부터 동양에서는 주판을 이용하여 사칙 연산을 정확하고 빠르게 하는 방법을 개발했습니다. 주판의 원리는 단순합니다: 구슬의 위치에 따라 서로 다른 수를 구분하는 것입니다. 수학에서 수를 정의하는 것은 이러한 주판의 원리와 근본적으로 다르지 않습니다.

수의 본질은 서로 다름을 구분하는 것이라 할 수 있습니다. 이는 컴퓨터가 수를 다루는 방식과도 일치합니다. 이 단원에서는 이러한 관점에서 자연수로부터 시작하여 유리수, 실수와 같은 수의 개념이 어떻게 발전해 왔는지 알아봅시다.

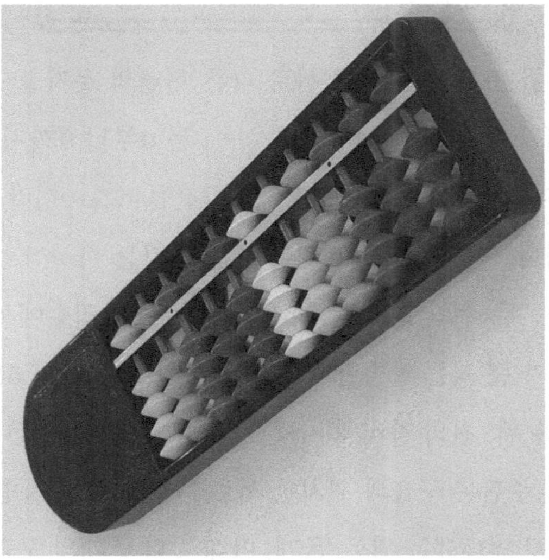

그림 1.1: 주판의 예

## 1.1 셀 수 있는 것: 자연수의 정의

자연수는 **0**, **1**, **2**, **. . .** 와 같은 숫자로 표현하는 수의 한 종류입니다. 문자 그대로 숫자(數字)는 자연수를 표기하는 문자일 뿐, 자연수의 본질이 아닙니다. 왜냐하면 자연수는 I, II, III, IV, **. . .** 와 같은 로마숫자Roman numeral로도, 일(一), 이(二), 삼(三), 사(四), ... 와 같은 한자로도 표현할 수 있기 때문입니다. 그러면 자연수의 본질은 무엇일까요? 어떤 대상의 본질을 이해하려면 그것의 기능을 알아야 합니다.

**자연수는 대상의 개수를 세는 기능을 가집니다.**

무엇을 세려면 그것이 서로 구분 가능해야 합니다. 그리고 구분 가능한 무엇을 센다는 것은 **1**, **2**, **3**, **. . .** 과 같이 순서order대로 그것을 나열할 수 있어야 합니다. 대상의 개수를 가리키는 자연수는 마지막에 나열된 대상에 대응correspondence되는 수가 됩니다. 이렇게 순서를 메길 수 있는 수를 서수ordinal number라 합니다. 즉, 자연수는 서로 구분 가능한 서수입니다. 다시 말해 어떤 대상이든 서수의 기능을 가지고 있으면 자연수의 역할을 수행할 수 있습니다. (자연수를 엄밀히 정의하는 방법에 대해서는 수학 원리 1.1을 참고하세요.)

**비트로 자연수를 표현해 봅시다.**

숫자는 각각의 자연수를 표현하기 위해 서로 다른 형태의 문자를 조합하여 유일한 형태를 만드는 방법입니다. 예를 들어, 십진수decimal number는 **0**부터 **9**까지 총 열 개의 숫자를 조합하여 만든 문자입니다. 이러한 자연수의 표현법을 십진법decimal이라 합니다. 열 개의 숫자는 그 순서가 정해져 있습니다. 십진법으로 표현된 모든 숫자는 사전적 순서lexicographic order에 따라 순서가 정해집니다. 두 수의 순서를 비교할 때는 큰 자리수에서부터 두 수의 자릿값을 비교하여 어느 쪽의 순서가 큰 지를 판별합니다. 예를 들어, **2836**과 **583**의 순서를 비교하려면 **583**을 **0583**로 바꾸어 쓴 뒤, 천의 자리의 자릿값인 **2**와 **0**을 비교합니다.

이 장의 시작에 보았던 주판은 구슬의 위치를 서로 다르게 하여 자연수를 표현합니다. [그림 1.1]에서 볼 수 있듯이 세로 막대에는 위로 두 개, 아래로 다섯 개의 구슬이 꿰어져 있습니다. 각 막대는 십진수의 자리를, 각 구슬의 위치는 자릿값을 나타냅니다. 아래의 구슬이 올라가 있으면 **1**을, 위의 구슬이 내려가 있으면 **5**를 더합니다. 그러면 컴퓨터는 어떻게 자연수를 표현할까요?

**컴퓨터는 비트bit를 이용하여 자연수를 표현합니다.**

비트는 0과 1로 구분되는 정보의 단위입니다. 컴퓨터는 이진수binary number의 각 자릿값을 비트로 기록합니다. 십진법이 자연수를 10의 거듭제곱의 합으로 표현하는 방법이듯이, 이진법binary system은 자연수를 2의 거듭제곱의 합으로 표현합니다. 예를 들어, **2836**은 **2**의 거듭제곱의 합으로 아래와 같이 표현됩니다.

$$\begin{aligned}2836 &= 2^2 + 2^4 + 2^8 + 2^9 + 2^{11}\\ &= \underline{0} \times 2^0 + \underline{0} \times 2^1 + \underline{1} \times 2^2 + \underline{0} \times 2^3 + \underline{1} \times 2^4 + \underline{0} \times 2^5 + \underline{0} \times 2^6\\ &\quad + \underline{0} \times 2^7 + \underline{1} \times 2^8 + \underline{1} \times 2^9 + \underline{0} \times 2^{10} + \underline{1} \times 2^{11}\end{aligned}$$

위 식에서 각 거듭제곱의 계수coefficient(밑줄 친 숫자)를 거듭제곱의 차수가 낮은 순서부터 오른쪽부터 나열하면 이진수가 됩니다.

$$2836 = 101100010100_2$$

위 식의 아래 첨자 **2**는 십진수과 구분하기 위함입니다.

**Go 언어는 `int` 타입type으로 자연수 데이터를 기록합니다.**[1]

타입은 데이터의 형태를 지정하는 식별자identifier입니다. 64-비트 시스템[2]에서 Go 언어의 `int` 타입은 하나의 자연수를 저장하기 위해 64개의 비트를 사용합니다. 이 중에서 마지막 비트는 부호sign를 가리키기 위한 것이므로 자연수를 기록하기 위해 사용되는 실제 비트의 개수는 63개 입니다. 이를 통해 표현할 수 있는 자연수의 최대 크기는 대략 $9.2 \times 10^{18}$ 입니다.

하나의 `int` 타입의 자연수를 저장하기 위해서는 64개의 비트가 필요합니다. 예를 들어, 자연수 **2836**을 Go 언어의 `int` 타입으로 저장하면 컴퓨터는 아래와 같이 64개의 비트 값을 메모리(memory)에 저장합니다.

$$\underbrace{00\cdots00}_{52\text{개의 }0}101100010100$$

[1]이 외에도 `int64`, `int32`, `int16`, `int8` 등 정수 데이터를 가리키는 많은 타입이 있습니다.

[2]컴퓨터의 CPU가 한 번에 처리할 수 있는 정보의 양을 말합니다. 현재 대부분의 컴퓨터는 64-비트 시스템입니다.

**자연수의 순서는 덧셈addition 연산을 정의합니다.**

자연수 $\mathbf{0}$은 아무것도 없음을 나타내는 수입니다. 자연수 $\mathbf{1}$은 $\mathbf{0}$으로부터 첫 번째 수입니다. 자연수 $\mathbf{2}$는 $\mathbf{0}$으로부터 두 번째, $\mathbf{1}$로부터 첫 번째 수입니다. 이렇게 자연수의 순서는 임의의 두 자연수의 덧셈을 정의합니다. 두 자연수 $n, m$의 합sum은 $n$으로부터 $m$번째 자연수입니다. 이를 아래의 기호로 표현합니다.

$$n + m \tag{1.1.1}$$

다시 한 번 강조하면, 식 (1.1.1)은 어떤 자연수를 직접 지정하는 것이 아닙니다. $n$으로부터 $m$ 번째 순서인 자연수를 가리키는 수식formula입니다.

여기서 다음 상황을 상상해 봅시다: 자연수 $x$에 $\mathbf{2}$를 더했더니 자연수 $\mathbf{1}$을 가리킵니다. 이때, $x$는 무엇일까요? 이를 수식으로 기술하면 아래와 같습니다.

$$x + \mathbf{2} = \mathbf{1} \tag{1.1.2}$$

여기서 $x$는 그 값을 모르는 자연수를 나타내는 기호symbol입니다. 이를 변수variable라 합니다. 식 (1.1.2)와 같이 변수, 연산자operator, 그리고 등호equality로 이루어진 수식을 방정식equation이라 합니다. 방정식 (1.1.2)는 $x$에 $\mathbf{2}$를 더하면 $\mathbf{1}$과 같다라는 명제statement라 할 수 있습니다. $x$에 어떤 자연수를 대입하느냐에 따라 이 명제는 참일 수도 있고, 거짓일 수도 있습니다. 어떤 방정식을 참이 되도록하는 변수의 값을 해solution라 하고, 이 값을 찾는 것을 방정식을 푼다solving라고 합니다. 그러나 자명하게도 방정식 (1.1.2)는 풀 수 없습니다. 즉, 이 방정식을 만족하는 자연수 해는 존재하지 않습니다. 그러면 더 이상 말할 것이 없을까요? 그렇지 않습니다. 어떤 방정식의 해가 존재하지 않으면 그것이 존재한다고 가정하고 이야기를 계속할 수 있습니다. 이로 인해 자연수를 정수integer로 확장할 수 있습니다.

**자연수에 음의 부호 −를 붙여서 만든 수를 음의 정수라 합니다.**

음의 정수 $-n$은 그것을 만든 자연수 $n$과 더했을 때 $\mathbf{0}$이 되는 수로 정의합니다. 다시 말해 $-n$은 방정식

$$x + n = \mathbf{0}$$

의 해입니다. 이러한 $-n$을 자연수 $n$의 역원inverse이라 합니다. 앞서 살펴본 방정식 (1.1.2)의 해는 $x = -1$입니다. 이와 같이 음의 정수는 자연수와 덧셈으로 이루어진 방정식을 풀 수 있게 해 줍니다. 음의 정수는 자연수와 같이 어떤 대상을 개수(counting)하는 수는 아니지만, 자연수의 순서를 뒤집으면 음의 정수에도 순서를 정할 수 있습니다.

$$\cdots, -3, -2, -1, 0, 1, 2, 3, \cdots$$

즉, 음의 정수는 자연수와 같은 서수이며, 자연수와 본질적으로 같다고 볼 수 있습니다. 따라서 자연수와 음의 정수를 통칭하여 정수라 합니다. 두 정수의 덧셈, 뺄셈, 곱셈, 그리고 나눗셈을 사칙 연산이라 합니다.

**Go 언어로 정수의 사칙 연산을 다루어 봅시다.**

Go 언어에서는 아래의 네 가지 기호로 사칙 연산을 수행합니다.

+(덧셈), -(뺄셈), *(곱셈), /(나눗셈)

Go 언어의 특징은 같은 타입의 변수 사이에서만 연산이 가능하다는 것입니다. 그리고 연산 결과는 피연산자operand인 변수와 같은 타입으로 저장됩니다. 두 정수의 덧셈, 뺄셈, 그리고 곱셈은 항상 정숫값을 반환하므로 문제가 되지 않습니다. 그러면 두 정수의 나눗셈은 무슨 값을 반환할까요?

> **Go 언어로 두 `int` 타입의 변수 `a`, `b`의 사이의 연산 `a/b`와 `a%b`를 수행하면, 그 결괏값은 각각 `a`를 `b`로 나누었을 때의 몫divider과 나머지remainder가 됩니다.**

Go 언어의 이 두 가지 연산 규칙을 이용하면 자연수의 $n$진표현을 쉽게 구할 수 있습니다. 예를 들어, **2836**의 삼진표현을 구해 봅시다.

$$\mathbf{2836 = 1 + 2 \times 3^4 + 2 \times 3^5 + 1 \times 3^7}$$

이므로 삼진표현은

$$\mathbf{2836 = 1021021_3}$$

입니다. 그리고 이를 아래와 같이 유도할 수 있습니다.

$$\begin{aligned} \mathbf{2836} &= \mathbf{1 + 3 \times 945} \\ \mathbf{945} &= \mathbf{0 + 3 \times 315} \\ \mathbf{315} &= \mathbf{0 + 3 \times 105} \\ \mathbf{105} &= \mathbf{0 + 3 \times 35} \\ \mathbf{35} &= \mathbf{2 + 3 \times 11} \\ \mathbf{11} &= \mathbf{2 + 3 \times 3} \\ \mathbf{3} &= \mathbf{0 + 3 \times 1} \\ \mathbf{1} &= \mathbf{1 + 3 \times 0} \end{aligned}$$

이를 이용하여 임의의 자연수를 $n$진법으로 표현하는 함수를 Go 언어로 구현해 봅시다. 수학에서 다루는 함수function와 구분하기 위해 Go 언어로 구현된 함수를 **Go 함수**Go function라 부르겠습니다. [3]

> **Go 함수는 일정한 기능을 수행하는 명령문의 집합입니다.**

Go 함수를 작성하는 기본적 규칙은 아래와 같습니다.

- Go 함수 알파벳으로 시작하는 이름을 갖습니다. 이름에는 하이픈(-), 밑줄(_), 띄어쓰기, 특수문자 등을 사용해서는 안됩니다.
- Go 함수는 입력값input과 출력값output이 있을 수도 있고, 없을 수도 있습니다. 만약 입출력값이 있다면 그것의 타입을 명시적으로 선언해야 합니다.

본격적으로 Go 함수를 작성하기 전에 패키지package를 만들겠습니다. 루트 폴더에 `cal` 폴더를 생성하고, 그 안에 `basen.go` 파일을 만듭니다. 이 파일에 기록된 모든 함수는 `cal` 패키지에 속하게 됩니다. 이제 아래와 같이 `cal/basen.go` 파일을 기록하고 저장합니다.[4]

[3] 이는 Go 언어의 동시성(concurrence)을 구현하는 Go 함수와 다른 것입니다.

[4] 함수의 이름 `BaseN`은 $n$진수를 의미하는 base $n$에서 유래한 것입니다.

cal/basen.go

**코드 1.1**

```
1  package cal
2
3  func BaseN(b, n int) []int {
4      var d []int
5      for b > 0 {
6          d = append(d, b%n)
7          b /= n
8      }
9      return d
10 }
```

**코드 설명**

함수 BaseN은 int 타입의 b와 n을 입력받아 $b$의 $n$진표현을 []int 타입으로 출력합니다.

라인 4: 변수 d를 []int 타입으로 선언합니다. []int은 여러 개의 int 타입의 데이터를 순서대로 저장하는 Go 언어의 타입 중 하나입니다. 이를 슬라이스slice라 합니다. 참고로 [2]int와 같은 타입도 여러개의 타입의 데이터를 순서대로 저장합니다. 이를 배열array이라 합니다. 슬라이스와 배열의 차이는 요소의 개수가 정해져 있느냐의 여부입니다. 여기서는 임의의 자연수의 $n$진표현을 구하는 것이므로 자리의 개수가 정해지면 안됩니다. 따라서 슬라이스 []int를 출력 타입으로 사용하였습니다.

라인 5: Go 언어에서 반복문for-loop을 사용하는 방법 중 하나입니다. 반복문은 조건condition이 참일 때 지정된 구간에 적힌 명령문을 반복하여 수행하는 명령문입니다. Go 언어는 오직 for 키워드를 이용하여 반복문을 구현합니다. for 다음의 b>0은 반복문을 수행하는 조건입니다. 라인 5의 {와 라인 8의 }는 반복문의 시작과 끝을 나타냅니다. 즉, b>0이면 이 구간의 명령문을 수행하고, 그렇지 않으면 라인 9로 건너뜁니다.

라인 6: append는 슬라이스 타입의 변수의 마지막에 요소를 추가하는 함수입니다. 여기서는 b를 n으로 나눈 나머지를 추가합니다. 이렇게 요소가 추가된 슬라이스는 새로운 슬라이스로 간주되므로 이를 다시 변수 b에 저장하여 기존의 값을 덮어씁니다.

**라인 7:** 변수 `b`를 `n`으로 나눈 몫을 다시 `b`에 저장합니다. `b = b / n`의 축약표현abbreviation입니다.

**라인 9:** 반복문을 빠져나온 뒤 변수 $d$에 저장된 값을 함수가 호출된 위치로 반환하고 함수를 종료합니다.

이렇게 만든 Go 함수를 실행하는 방법은 크게 두 가지가 있습니다. 첫 번째 방법은 루트 폴더의 `main.go` 파일에 함수 `BaseN`을 임포트하여 실행하는 것입니다.[5] 이를 위해 아래와 같이 `main.go` 파일을 작성하고 실행해 봅시다.

main.go

```go
package main

import (
	"fmt"
	"recal/cal"
)

func main() {
	fmt.Println(cal.BaseN(2836, 3))
}
```

이를 터미널에서 실행하면 아래와 같은 출력 결과를 확인할 수 있습니다.

```
> go run main.go
[1 0 0 0 2 2 0 1]
```

[5] `BaseN` 함수가 속한 `cal` 패키지는 `main.go`가 속한 `recal` 패키지와 다릅니다. `BaseN` 함수 임포트할 수 있는 이유는 이름이 대문자로 시작하기 때문입니다. 이러한 함수를 공개public 함수라 합니다.

```
>
```

두 번째 방법은 Go 언어가 제공하는 테스트 기능을 이용하는 것입니다. 이 기능을 사용하면 함수의 동작만을 빠르게 체크할 수 있고, 매번 `main` 함수를 새로 작성할 필요가 없습니다. `cal` 폴더에 `cal/basen_example_test.go` 파일을 생성하고 아래와 같이 작성합니다. 이름이 `_example_test.go`로 끝나는 Go 파일을 예시 파일이라 합니다. 예시 파일에 정의되고 이름이 `Example...`로 시작하는 함수를 예시 함수라 합니다. 예시 함수는 같은 패키지에 정의된 함수, 변수, 또는 구조체 등의 동작을 문자열의 출력을 통해 테스트합니다.

cal/basen_example_test.go

**코드 1.2**

```
1 package cal
2
3 import "fmt"
4
5 func ExampleBaseN() {
6     fmt.Println(BaseN(2836, 3))
7     // Output: [1 0 0 0 2 2 0 1]
8 }
```

**코드 설명**

예시 함수 `ExampleBaseN`은 함수 `BaseN`의 동작을 테스트합니다.

라인 7: 코멘트comment는 프로그램의 실행에 영향을 주지 않는 문자열입니다. 두 개의 백슬래쉬 기호 `//` 는 이후에 나오는 모든 문자열을 코멘트로 처리합니다. 예시함수의 마지막에 사용자가 예상하는 출력결과를 라인 7과 같이 `Output:`이 포함된 코멘트로 처리하면 테스트 결과와 사용자가 예상한 결과를 비교하여 줍니다.

테스트를 위해 터미널 창에 아래 명령어를 입력합니다.

```
cd cal
```

다음으로 아래의 명령어를 입력하고 출력 결과를 확인합니다.

```
go test -v -run ExampleBaseN
```

출력 메세지가 다음과 같이 나오면 테스트가 정상적으로 작동한 것입니다.

```
=== RUN   ExampleBaseN
    --- PASS: ExampleBaseN (0.00s)
    PASS
    ok      recal/cal       0.392s
```

만약 Output: 뒤에 나오는 문자열이 출력 결과와 다르다면 다음과 같은 실패 메세지를 볼 수 있습니다.

```
=== RUN   ExampleBaseN
--- FAIL: ExampleBaseN (0.00s)
got:
[1 0 0 0 2 2 0 1]
want:

FAIL
exit status 1
FAIL    recal/cal       0.334s
```

위 결과에서 FAIL, got, want 등의 문자를 발견할 수 있습니다. 이는 want 뒤에 나오는 문자열(빈칸)을 예상했지만 got 뒤에 나오는 문자열([1 0 0 0 2 2 0 1])이 출력되었으므로 테스트가 실패했다는 것을 의미합니다.

**수학 원리 1.1**

집합론set theory에서는 자연수를 순서와 연산에 관한 여러 공리axiom를 만족하는 대상으로 정의합니다. 이러한 공리를 완전히 논리적으로 설명하는 것은 대단히 복잡하므로 생략하겠습니다. 한 가지 흥미로운 질문은 자연수가 가리키는 실제 대상이 무엇인가 하는 것입니다. 자연수는 수학에서 가장 먼저 정의되는 수이므로 이를 정의하기 위해 사용할 수 있는 대상이 없습니다. 이렇게 아무것도 없는 상태에서 유일하게 존재하는 것은 아무것도 없다는 개념 그 자체입니다. 이를 공집합empty set이라 하고 기호로 아래와 같이 씁니다.

$$\emptyset$$

공집합은 크기도, 순서도 없으므로 자연수 0에 해당됩니다.

$$0 = \emptyset$$

이제 첫 번째 자연수를 만들었으니 두 번째 자연수를 만들 수 있습니다. 공집합을 원소로 가지는 집합은 1이 됩니다.

$$1 = \{\emptyset\}$$

두 집합은 서로 다른 원소를 가지고 있으므로 구분가능하고, 집합의 포함 관계에 의해 순서를 정할 수 있습니다.

$$0 = \emptyset \subset \{\emptyset\} = 1$$

세 번째 자연수 2는 정의하는 방법은 여러 가지 입니다. 한 가지 방법은 1을 원소로 갖는 집합으로 정의하는 것입니다. 이런식으로 2, 3, 4 등의 자연수를 계속해서 정의할 수 있습니다.

$$2 = \{1\}, \quad 3 = \{2\}, \quad 4 = \{3\}, \ldots$$

또 다른 방법은 지금까지 정의한 모든 자연수를 포함하는 집합으로 정의하는 것입니다.

$$2 = \{0, 1\}, \quad 3 = \{0, 1, 2\}, \quad 4 = \{0, 1, 2, 3\}, \ldots$$

어떤 방법이든 순서를 정할 수 있으므로 서수로서의 자연수의 기능을 만족합니다. 집합론에서 엄밀히 정의하는 수학적 개념의 공리적 체계는 이러한 자연수의 실체적 정의에 기반을 두고 있습니다.

## 1.2 셀 수 없는 것: 실수의 이해

앞서 자연수의 덧셈에 관한 방정식으로 자연수의 개념이 정수로 확장되는 것을 보았습니다. 이번에는 정수의 곱셈에 관한 방정식을 생각해 보겠습니다. 예를 들어, 정수를 가리키는 변수 $x$로 이루어진 아래의 방정식을 살펴봅시다.

$$2x = 1 \tag{1.2.1}$$

자명하게 이 방정식의 정수해는 존재하지 않습니다. 즉, 어떤 정수를 $x$에 대입하여도 등식을 만족하지 않습니다. 이를 해결하는 방법은 정수의 개념을 유리수rational number로 확장시키는 것입니다.

> **$n, m$이 정수이고 $m \neq 0$이면 아래의 방정식의 해를 유리수 $\frac{n}{m}$이라 정의합니다.**
>
> $$mx = n \tag{1.2.2}$$

예를 들어, 유리수 $x = \frac{1}{2}$은 방정식 (1.2.1)의 해 입니다. 방정식 (1.2.2)의 숫자 $m, n$이 유리수일 때도 해가 존재합니다. 그렇다면 아래와 같은 방정식은 어떨까요?

$$x^2 = 2 \tag{1.2.3}$$

위 방정식 (1.2.3)을 만족하는 유리수 해는 존재하지 않습니다. (수학 원리 1.2를 참고하세요.) 따라서 수의 범위를 실수로 확장해야 합니다.

> **유리수가 아닌 실수를 무리수irrational number라 합니다.**

방정식 (1.2.3)의 해를 $\sqrt{2}$라 씁니다. 이는 $\sqrt{2}$라는 실수는 두 번 곱하여 2가 된다는 것을 의미합니다.

$$\sqrt{2} \cdot \sqrt{2} = (\sqrt{2})^2 = 2$$

$\sqrt{2}$는 유리수가 아니므로 유한개의 소수점 자리로 표현할 수 없습니다. 즉, $\sqrt{2}$를 십진법으로 표현하는 것은 불가능합니다. 십진법으로 표현되지 않는 수는 그 크기를 정확히 알 수 없습니다. (기호 $\sqrt{2}$는 숫자의 크기를 알려주지 않습니다.) 하지만 $\sqrt{2}$는 실제로 존재합니다. 한 변의

길이가 1인 정사각형의 대각선의 길이는 $\sqrt{2}$이고, 면적이 2인 정사각형의 한 변의 길이 또한 $\sqrt{2}$ 입니다. 이와 같이 존재하지만 그 크기를 정확히 알 수 없는 무리수를 어떻게 정의할까요?

**무리수는 유리수로 근사approximation할 수 있는 수입니다.**

여기서 근사되는 수가 아닌 근사할 수 있는 수라는 표현을 기억합시다. 유리수와 무리수, 즉 실수는 어떤 대상의 크기magnitude를 측량measure하는 수입니다. 무엇을 측량하는 것은 그 크기에 해당하는 값을 사람이 인식할 수 있는 형태로 표현하는 것입니다. 만약 $\sqrt{2}$의 크기를 1.4로 측량하였다면 이를 유리수 $\frac{7}{5}$ 만큼의 크기로 이해할 수 있습니다.

$$\sqrt{2} \approx 1.4$$

여기서 $\approx$는 근사적으로approximately 같다는 뜻입니다. 관점에 따라 1.4가 충분히 정확한 근삿값일 수도 있고, 아닐 수도 있습니다. 실제로 1.4를 제곱하면 아래와 같이 눈에 띄는 오차가 발생합니다.

$$1.4^2 = 1.96 \overset{?}{\approx} 2$$

더 많은 소수점을 사용하면 오차가 줄어들지만, 완전히 없어지지는 않습니다. 아래와 같은 근삿값도 $\sqrt{2}$를 정확히 표현하지는 못합니다.

$$\sqrt{2} \approx 1.4142135623730950488016887242096980785696718753 9 \tag{1.2.4}$$

중요한 것은 소수점 자릿수를 충분히 늘리면 항상 원하는 정도의 정확도를 얻을 수 있다는 것입니다.

**제곱근square root을 계산하는 함수를 만들어 봅시다.**

식 (1.2.4)와 같은 소수점 표현식은 십진법을 유리수에 확장한 것으로, 10의 거듭제곱을 이용한 것입니다.

$$\sqrt{2} \approx 1 + 4 \cdot \frac{1}{10} + 1 \cdot \frac{1}{10^2} + 4 \cdot \frac{1}{10^3} + \cdots$$

이와 비슷하게 2의 거듭제곱으로 유리수를 표현할 수도 있습니다.

$$\sqrt{2} \approx 1 + 0 \cdot \frac{1}{2} + 1 \cdot \frac{1}{2^2} + 1 \cdot \frac{1}{2^3} + \cdots$$

앞 절 §1.1 에서 컴퓨터는 비트를 이용하여 자연수를 이진법으로 기록한다고 하였습니다. 마찬가지로 실수를 기록할 때에도 컴퓨터는 이진법을 사용합니다. 이를 부동소수점floating point이라 합니다. 예를 들어, 숫자 **2836**을 실수 형태로 기록할 때 컴퓨터는 이를 아래와 같이 분해합니다.

$$\mathbf{2836} = \overset{\text{가수}}{\mathbf{2.836}} \times \mathbf{10}^{\overset{\text{지수}}{\mathbf{3}}}$$

여기서 **2.836**을 가수significand, **3**을 지수exponent라 합니다. 컴퓨터는 충분히 많은 비트를 이용하여 실수를 근사적으로 기록합니다.

> **`float64`는 Go 언어에서 실수 데이터를 기록하는 대표적인 타입입니다.**

이름에서 알 수 있듯이 `float64` 타입은 64개의 비트를 이용해서 실수를 기록합니다.[6] 이 타입으로 표현할 수 있는 숫자의 범위는 대략 아래와 같습니다.

$$\mathbf{2^{-1022} \approx 10^{-308} \sim 2^{1023} \approx 10^{308}}$$

또한 `float64` 타입은 십진법으로 소수점 15번째 자리까지의 정확도를 보장합니다. 실용적 측면에서 `float64`는 충분히 유용한 타입이라 할 수 있습니다.

문제는 두 실수의 같음을 비교할 때 발생합니다. 두 정수의 같음은 각 자리의 비트 값을 하나씩 비교하면 됩니다. 같은 실수를 부동소수점으로 기록할 때는 컴퓨터의 내부적인 처리 방식에 따라 비트로 저장된 값이 조금 다를 수 있습니다. 아래의 코드를 `main.go` 파일에 작성하고 실행해 봅시다.

main.go

```
func main() {
    var x float64
    arr := []float64{0.2, 0.4, 0.6, 0.8, 1.0}
    for i := 0; i < 5; i++ {
        x += 0.2
```

[6] 이 외에도 `float32` 타입이 있으며 이는 32개의 비트를 이용해서 실수를 기록합니다.

```
6           fmt.Printf("x == %v : %v\n", arr[i], x == arr[i])
7       }
8   }
```

**코드 설명**

**라인 2:** `float64` 타입의 변수 `x`를 선언합니다. 초깃값을 지정하지 않았으므로 변수 `x`의 값은 0으로 자동 초기화됩니다.

**라인 3:** 슬라이스 `[]float64` 타입의 변수 `arr`을 선언합니다. 동시에 이를 다섯 개의 `float64` 값으로 초기화하고 있습니다. 참고로 `float64` 타입의 값을 숫자로 입력할 때는 `int` 타입과 구분하기 위해 소수점 기호 `.`를 사용해야 합니다.

**라인 4:** Go 언어에서 반복문을 사용하는 또 다른 방법입니다. 라인 5는 Go 언어에서 반복문을 사용하는 두 번째 방법입니다. (첫 번째 방법은 코드 1.1에 있습니다.) 이는 세미콜론 `;`으로 구분된 세 개의 구문으로 이루어져 있습니다. 첫 번째 구문은 반복문의 시작 전에 실행해야 할 초기문입니다. 두 번째 구문은 반복조건으로서 이 조건이 참이면 반복문을 계속 수행합니다. 세 번째 구문은 반복 사이에 수행할 명령문입니다. 여기서는 인덱스 변수 `i`를 0으로 초기화하고, 5보다 작을 때 계속 반복하며, 각 반복 사이에 `i`를 1씩 증가시킵니다. (`i++`는 `i = i+1`의 축약표현입니다.)

**라인 5:** `x = x + 0.2`의 축약 표현입니다. 변수 `x`에 0.2를 더한 값을 다시 `x`에 대입합니다.

**라인 6:** `Printf`는 `fmt` 패키지에 정의된 함수로서 변수의 값을 문자열에 대입하여 출력하는 함수입니다. 출력하고자 하는 문자열을 겹따옴표(`"`)로 감싼 뒤 `Printf`의 첫 번째 입력값으로 넣습니다. 출력하고자 하는 변수는 콤마(`,`)로 구분하여 넣습니다. 출력 문자열 중에서 `%`가 붙은 곳이 변수의 값이 순서대로 출력되는 곳입니다. `%v`는 형식지정자 중의 하나로서 변수의 타입에 따라 적절한 형태로 출력합니다.[a] 여기서는 `arr[i]`와 `x == arr[i]`[b]의 값이 순서대로 출력됩니다.

[a] 이 외에도 `%d` (정수), `%f` (부동소수점), `%s` (문자열) 등이 형식지정자가 있습니다.

[b] `x == arr[i]`는 `x`와 `arr[i]`가 같은지를 판단하는 연산자입니다. 이는 `float64` 타입으로 저장된 `x`와 `arr[i]`의 값을 비트 단위로 비교합니다.

이를 실행하면 아래와 같은 결과를 볼 수 있습니다.[7] 이론적으로는 모두 true가 나와야 하지만, 부동소수점의 한계로 x=0.6 일 때 false가 출력되었습니다.

```
x == 0.2 : true
x == 0.4 : true
x == 0.6 : false
x == 0.8 : true
x == 1 : true
```

이를 방지하기 위해 두 실수의 같음을 비교하는 오차error의 역치threshold를 정하겠습니다. 앞으로 이 역치 내에서 두 실수의 다름을 구별하지 못하면 두 수는 거의 같다almost equal라고 하겠습니다. 역치를 $\varepsilon > 0$이라 할 때, 두 실수 $x, y$의 차이difference가 아래의 범위에 있으면 두 수는 거의 같은 것입니다.

$$-\varepsilon < x - y < \varepsilon$$

이를 Go 함수로 구현해 봅시다.

코드 1.3

cal/iszero.go

```go
package cal

const Eps = 1e-6

func IsZero(x float64) bool {
    return -Eps < x && x < Eps
}
```

[7]부동소수점은 컴퓨터 시스템마다 처리하는 방식이 다르므로 출력 결과가 완전히 같지 않을 수도 있습니다.

**코드 설명**

함수 `IsZero`는 입력받은 `float64` 실수 `x`가 오차 범위 안에서 0인지를 `bool` 값으로 반환합니다.

라인 3: `Eps`는 $10^{-6}$을 상수constant로 정의합니다. `const`는 상수 변수를 정의하는 키워드입니다. 상수 변수는 반드시 숫자로 초기화되어야 합니다. 이렇게 정의된 변수는 `cal` 패키지 안에서 자유롭게 사용할 수 있습니다. 또한 대문자로 이름이 시작하기 때문에 외부에서 임포트하여 사용할 수도 있습니다.

라인 6: 입력받은 `float64` 타입의 변수 `x`가 다음 부등식을 만족하는지 확인합니다.

$$|x| < \varepsilon$$

`&&`는 논리곱logical and(`AND`)을 의미하는 논리연산자logical operator입니다. 연산자의 양 쪽 구문이 모두 참(`true`)일 때만 참(`true`)을 반환합니다.

양의 실수 $x$의 제곱근을 계산하는 방법을 생각해 봅시다. 일반적으로 제곱근 $\sqrt{x}$는 이진법으로 아래와 같이 표현됩니다.

$$\sqrt{x} = 2^n \cdot a_n + 2^{n-1} \cdot a_{n-1} + \cdots + 2 \cdot a_1 + a_0 + a_{-1} \cdot 2^{-1} + a_{-2} \cdot 2^{-2} + \cdots \quad (1.2.5)$$

여기서 $n$은 $x$의 크기에 따라 정해지는 자연수입니다. 만약 $n$의 값을 알고 있다면 식 (1.2.5)를 아래와 같이 변형할 수 있습니다.

$$\sqrt{4^{-n}x} = a_n + a_{n-1} \cdot 2^{-1} + a_{n-2} \cdot 2^{-2} + \cdots \quad (1.2.6)$$

이제 식 (1.2.6)에 등장하는 $a_n, a_{n-1}, \cdots$ 의 값 (0 또는 1)을 순차적으로 찾으면 됩니다. 이는 각 자리마다 1을 대입하여 얻은 값을 제곱하여 $x' = 4^{-n}x$와 크기를 비교해가며 찾을 수 있습니다. 만약 $a_{k+1}$까지의 값을 찾았다면, $a_k$에 1을 대입하여 제곱한 값이 $x'$보다 작으면 $a_k = 1$로, 크거나 같으면 $a_k = 0$으로 정합니다. 예를 들어, $x' = 2$일 때를 생각해 봅시다. 식 (1.2.6)을 아래와 같이 순차적으로 계산할 수 있습니다.

$$\sqrt{2} \approx 1 \qquad \left(1^2 < 2\right)$$

$$\sqrt{2} \approx 1 + 0 \cdot \frac{1}{2} \qquad \left(\left(1 + 1 \cdot \frac{1}{2}\right)^2 > 2\right)$$

$$\sqrt{2} \approx 1 + 0 \cdot \frac{1}{2} + 1 \cdot \frac{1}{4} \qquad \left(\left(1 + 0 \cdot \frac{1}{2} + 1 \cdot \frac{1}{4}\right)^2 < 2\right)$$

$$\vdots$$

그러면 $n$은 어떻게 알 수 있을까요? 먼저 식 (1.2.6)에는 최대 일의 자리까지만 표현할 수 있으므로 그 값이 $0$과 $2$사이에 있음을 알 수 있습니다. 이는 $4^{-n}x$가 $0$과 $4$ 사이에 있음을 말해줍니다.

$$0 \leq x' < 4$$

따라서 $x$가 $4$보다 작아질 때까지 $4$로 나누어야 하는 횟수가 $n$이 됩니다.

$x$의 제곱근을 구하는 과정을 아래와 같이 정리해 봅시다.

1. $x$가 $4$보다 작아질 때까지 $4$로 나눈 결과를 $x'$이라 하고 나눈 횟수를 $n$이라 합니다.
2. $x'$를 이진법 소수점 자리로 표현합니다. 원하는 정밀도에 도달할 때까지 소수점 이하의 자릿값을 계산합니다.

이를 Go 함수로 아래와 같이 작성해 봅시다. 폴더 `cal`에 `sqrt.go` 파일을 만들고 아래의 코드를 입력합니다.

코드 1.4

cal/sqrt.go

```
package cal

func Sqrt(x float64) float64 {
    if x < 0 {
        panic("Invalid input")
    }
    var n int
    for x >= 4 {
        x /= 4
        n++
```

```
11        }
12        var y, p float64 = 0, 1
13        for !IsZero(p) {
14            if (y+p)*(y+p) < x {
15                y += p
16            }
17            p /= 2
18        }
19        for n > 0 {
20            y *= 2
21            n--
22        }
23        return y
24    }
```

**코드 설명**

함수 Sqrt는 float64 타입의 실수 x의 제곱근을 Eps 오차 내에서 계산합니다.

**라인 4:** 입력값 x가 음수인지 확인합니다. 기호 <는 같은 타입의 숫자형 데이터의 크기를 비교하는 연산자입니다. 만약 x < 0이 참이면 {와 } 사이의 구문을 실행합니다.

**라인 5:** panic은 Go 언어에서 프로그램의 실행을 중단시키는 명령어입니다. 이를 패닉panic 함수라 합니다. 이것이 실행되면 입력된 문자열("Invalid power")을 출력하고 프로그램이 즉시 종료됩니다. 이 문자열에는 패닉 함수가 실행된 원인을 적는 것이 좋습니다. 패닉 함수는 코드의 오류를 고치는 디버깅(debugging)이나 외부의 사용자가 함수를 잘못된 방법으로 사용하는 것을 방지하기 위해 사용입니다. 만약 프로그램이 정상적으로 작동한다면 패닉 함수는 실행되지 않아야 합니다.

**라인 7:** 변수 n을 int 타입으로 선언합니다. 초깃값을 따로 지정하지 않았으므로 이 변수에는 자동으로 0이 저장됩니다.

**라인 8:** 변수 x의 값이 4보다 작아질 때까지 반복문을 실행합니다.

**라인 9:** 변수 x를 4로 나눈 값을 다시 x에 대입합니다. `x = x / 4`의 축약문입니다.

**라인 10:** 변수 n을 1씩 증가시킵니다. `n = n + 1`의 축약문입니다.

**라인 12:** 변수 y와 p를 동시에 `float64` 타입으로 선언하고 각각 0, 1로 초기화합니다. 변수 y는 제곱근의 근삿값을, 변수 p는 소수점 단위의 값을 저장합니다.

**라인 13:** 변수 p에 저장된 값이 0과 거의 같을 때까지 반복합니다. 느낌표 (`!`)는 참 또는 거짓의 반대negation를 의미하는 논리연산자입니다. 만약 조건문이 거짓이면, 함수 `IsZero`가 참이라는 뜻이고, 이는 현재까지 계산한 근삿값이 원하는 정밀도precision에 도달하였다는 뜻입니다.[a]

**라인 14-15:** 변수 y에 p를 더하여 제곱한 값을 x와 비교합니다. 만약 $x$보다 크지 않으면 y에 p를 더합니다.

**라인 16:** 변수 p를 2로 나눕니다.

**라인 19-21:** 변수 y에 앞서 x를 4로 나눈 횟수만큼 다시 2를 곱합니다.

[a]엄밀히는 정확한 표현이 아닙니다. 이후에 4의 거듭제곱을 곱하기 때문에 최종 결과의 정밀도는 달라질 수 있습니다.

이렇게 $\sqrt{2}$는 그 값에 충분히 가까운 유리수를 찾을 수 있습니다. 여기서 충분히 가깝다라는 표현은 어떠한 작은 역치를 정하더라도 오차를 그 역치보다 작게 만들 수 있다는 뜻입니다. 무리수가 실수의 일종으로서 어떤 크기를 측량한다는 것은 이러한 성질을 말합니다.

> **무리수는 그 크기를 아주 작은 오차의 범위내에서 유리수로 근사됩니다.**

예를 들어, 아래와 같은 유리수를 무한히 나열한 수열sequence을 생각해 봅시다.

$$1, \quad 1.4, \quad 1.41, \quad 1.414, \quad 1.4142, \quad \cdots \quad \to \sqrt{2} \tag{1.2.7}$$

이 수열의 어떠한 항term도 $\sqrt{2}$와 그 크기가 같지 않습니다. 무리수 $\sqrt{2}$는 수열 (1.2.7)의 항을 무한히 나열하였을 때, 그것이 도달하는 크기입니다. 만약 실수 $x$가 이미 유리수라면 이러한 수열은 똑같은 유리수 $x$가 무한히 반복되는 것으로 생각할 수 있습니다. 여기서 실수 $\sqrt{2}$가 이미 존재한다고 가정하면 이 논리로 무리수를 정의하는 것은 문제가 없습니다. 즉 수열 (1.2.7)과 같이 어떤 유리수 수열이 가까워지는 대상이 무리수라고 정의할 수 있습니다. 그러나 무리수의 존재를 정의하려면 이러한 논리는 통하지 않습니다. 수학적으로 엄밀하게 무리수를 정의하는 방법에 대해서는 수학 원리 1.2를 참고하세요.

**수학 원리 1.2**

방정식 (1.2.3)의 유리수 해가 존재하지 않는 것을 증명해 봅시다. 만약 이를 만족하는 유리수 $x = n/m$이 존재하면 어떻게 될까요? 여기서 $n, m$은 두 가지 조건을 만족한다고 가정합니다.

1. $n, m$은 정수입니다.
2. 1 외에 $n, m$을 동시에 나누는 정수, 즉 공통약수는 없습니다. (이러한 두 정수의 관계를 서로소coprime라고 합니다.) 만약 $\frac{2}{4}$와 같이 공통 약수가 있으면 이를 $\frac{1}{2}$로 약분하여 $n, m$을 정한 것으로 간주합니다.

이제 $x = n/m$을 방정식에 대입해 봅시다.

$$n^2 = 2m^2 \tag{1.2.8}$$

여기서 우변의 항은 짝수이므로 좌변도 짝수입니다. 이는 $n$도 짝수가 됨을 의미합니다. 따라서 어떤 정수 $n_1$에 대해

$$n = 2n_1$$

라 할 수 있습니다. 이를 다시 식 (1.2.8)에 대입하면 $4n_1^2 = 2m^2$가 되고 이를 정리하면 다음과 같습니다.

$$2n_1^2 = m^2$$

이제는 반대로 우변의 항 $m^2$이 짝수이므로 $m$도 짝수가 됩니다. 따라서 $n$과 $m$은 동시에 짝수가 됩니다. 이는 $n$과 $m$이 서로소라는 가정에 모순contradiction됩니다. 이러한 모순이 어디서부터 시작되었을까요? 유리수 $x = n/m$이 원래의 방정식 (1.2.3)의 해라는 가정에서 시작되었습니다. 이렇게 유리수 해가 존재하지 않는다라는 결론을 부정negation하여 유리수의 서로소 표현식이 존재하지 않는다라는 모순을 유도하였습니다. 따라서 결론은 참입니다. 이러한 증명 방법을 귀류법proof by contradiction이라 합니다.

### 수학 원리 1.3

실수, 정확히는 무리수를 어떤 유리수 수열이 가까워지는 어떤 수라고 정의하면 동어 반복tautology 또는 순환 논리circular logic에 빠집니다. 이를 피하기 위해서 수학에서는 실수를 크게 아래의 두 가지 방법으로 정의합니다.

1. 실수의 크기, 연산에 관한 공리axiom를 이용하여 정의하는 방법
2. 코시 수열Cauchy sequence을 이용하여 정의하는 방법

공리axiom란 증명없이 받아들이는 명제를 말합니다. (예를 들어, 공집합이 존재한다는 것도 집합론의 한 공리입니다.) 실수의 공리는 실수가 대수적algebraically으로 자명하게 만족해야 하는 명제를 모두 모은 것입니다. 예를 들어, "$x, y$가 실수이면 $x + y$도 실수이다"와 같은 것입니다. 그 중에서 중요한 공리가 바로 최소 상계 원리least upper bound principle입니다. 어떤 집합의 상계upper bound란, 그 집합의 어떠한 원소보다 큰[a] 값을 말하고, 최소 상계least upper bound란, 그러한 상계 중에서 가장 작은 값을 말합니다. 최소 상계 원리가 말하는 요지는 다음과 같습니다.

실수로 이루어진 집합이 상계를 가진다면 항상 최소상계가 존재한다.

코시 수열을 이용한 실수의 정의는 해석학analysis에서 주로 등장합니다. 이는 무리수를 유리수 수열이 가까워지는 두엇인가로 정의하지 않고, 그 수열 자체로 정의합니다. 단, 몇가지 조건이 있습니다. 그 중 첫 번째는 유리수 수열의 특징입니다. 예를 들어, $\sqrt{2}$를 가리키는 수열은 아래와 같습니다.

$$\sqrt{2} = [1, 1.4, 1.41, 1.414, 1.4142, \cdots]$$

이 수열의 특징은 소숫점 자리가 하나씩 늘어납니다. 이 경우 $n$번째 이 후에 등장하는 두 항은 그 차이가 항상 $10^{-(n-1)}$보다 작습니다. 이는 항의 순서 $n$에 따라 오차의 한계가 결정된다는 것을 말합니다. 이러한 성질을 가진 수열을 코시 수열이라고 합니다. 유리수로 이루어진 코시 수열은 그 자체로 실수가 됩니다. 이렇게 실수를 정의하여도 그 코시 수열이 가까이 가는 수를 실수라고 정의하는 것과 모순이 생기지 않습니다.

[a]크기 (또는 순서)를 비교할 수 있는 대상만 해당됩니다.

## 1.3 수를 나열한 것: 수열의 수렴

이 절에서는 수열에 대해 알아보겠습니다. 이름 그대로 수열은 수를 나열한 것입니다. 여기서 나열한다는 것은 순서대로 놓는다는 것이고, 이는 서수로서의 자연수의 기능이 필요하다는 것을 암시합니다. 실제로 수열을 기호로 아래와 같이 기술합니다.

$$a_n$$

여기서 첨자 $n$은 자연수를 가리키고, 이를 인덱스index라 합니다. 인덱스 $n$은 주로 $0$부터 시작하는 자연수이나, $0$이 아닌 값으로 시작하는 경우도 있습니다. $a_n$은 $n$번째 수열의 항입니다.

**수열의 의미를 알아보고 이를 구현해 봅시다.**

항의 개수에 따라 수열은 유한 수열finite sequence과 무한 수열infinite sequence로 구분됩니다. 유한 수열은 문자 그대로 유한 개의 항으로 이루어진 수열입니다. 유한 수열을 프로그래밍으로 구현하는 방법은 §**1.1**의 코드 1.1에서 소개한 슬라이스를 이용하거나 배열array을 이용하는 것입니다. (배열에 대하여는 코드 1.7에서 자세히 설명하겠습니다.)

무한 수열은 무한히 많은 항이 나열된 수열입니다. 무한 수열을 표현하는 방법은 크게 두 가지 입니다. 하나는 $n$번째 항, 즉 일반항general term을 $n$에 관한 수식입니다. 다른 하나는 연속된 수열의 항이 서로 만족하는 점화식recurrence relation입니다.

이러한 수열의 본질적 의미에 대해 생각해 봅시다. 어떤 수열이 주어졌다는 것은, 가능한 인덱스의 범위 내에서 인덱스의 값 $n$을 선택하면 $n$번째 항 $a_n$을 구할 수 있다는 뜻입니다.

**수열은 인덱스 $n$과 $n$번째 항을 대응시키는 관계입니다.**

간단히 말해 수열은 자연수에서 실수로의 함수라 할 수 있습니다. (함수에 관한 자세한 내용은 다음 장 §**2**에서 다룹니다.)

몇 가지 수열의 예를 살펴보고 Go 함수로 구현하는 방법을 알아봅시다. 먼저 일반항의 수식으로 정의된 수열의 예를 살펴봅시다.

$$a_n = \left(1 + \frac{1}{n}\right)^n, \quad n = 1, 2, 3, \cdots \tag{1.3.1}$$

위 식은 $n = 0$에서 정의되지 않으므로 인덱스는 1부터 시작합니다. 인덱스가 무한히 증가하면 수열의 항은 어떤 값이 될까요? 수열 (1.3.1)을 Go 함수로 구현하여 확인해 봅시다. 일반항의 공식을 그대로 구현한다면 아래와 같은 코드를 사용할 수 있습니다.

main.go

```go
package main

import "fmt"

func main() {
    var n int = 1000
    var f, y float64 = 1 + 1/float64(n), 1
    for i := 0; i < n; i++ {
        y *= f
    }
    fmt.Println(y)
}
```

컴퓨팅 환경에 따라 결과가 다르지만, 인덱스 $n$이 비교적 작은 경우 $(n \leq 1000)$에는 이 방법으로 수열의 항을 구하는 것에 큰 문제가 없습니다. 그러나 $n$이 커지면 $(n \geq 10^{10})$ 이와 같이 똑같은 연산을 반복하는 것은 비효율적입니다. 이를 해결하기 위해 이진법을 사용해 봅시다. 예를 들어, $n = 10000000 = 10^8$라 하고 이를 2의 거듭 제곱의 합으로 써 봅시다.

$$10000000 = 2^7 + 2^9 + 2^{10} + 2^{12} + 2^{15} + 2^{19} + 2^{20} + 2^{23}$$

이를 이용하면 거듭 제곱 $a^n$을 다음과 같이 계산할 수 있습니다.

$$\begin{aligned} a^{10000000} &= a^{2^7+2^9+2^{10}+2^{12}+2^{15}+2^{19}+2^{20}+2^{23}} \\ &= a^{2^7} \times a^{2^9} \times a^{2^{10}} \times a^{2^{12}} \times a^{2^{15}} \times a^{2^{19}} \times a^{2^{20}} \times a^{2^{23}} \end{aligned}$$

각각의 거듭제곱은 제곱을 반복하여 구할 수 있습니다. 예를 들어, $a^{2^9}$는 $a$를 제곱하는 것을 아홉 번 반복하여 구할 수 있습니다.

$$a \to a^2 \to a^4 \to a^8 \to \cdots \to a^{512}$$

앞서 §1.1에서 구현한 `BaseN` 함수를 이용하면 $n$의 이진법 표현을 구할 수 있습니다.

$$10^8 = 110000110101000000_2$$

$a^n$을 계산하려면 $n$의 이진표현의 각 자릿값이 1인 경우에만 $a$의 거듭제곱을 자리의 위칫값만큼 반복하여 계산하면 됩니다. 이를 Go 함수로 구현해 봅시다.

코드 1.5

cal/natural.go

```go
func IterativeSquare(a float64, n int) float64 {
    var x float64 = a
    for i := 0; i < n; i++ {
        x *= x
    }
    return x
}

func NaturalSequence(n int) float64 {
    var e, f float64 = 1, 1 + 1/float64(n)
    d := BaseN(n, 2)
    for i, k := range d {
        if k == 1 {
            e *= IterativeSquare(f, i)
        }
    }
    return e
```

```
20 }
```

**코드 설명**

함수 IterativeSquare는 실수 a를 제곱하는 것을 n번 반복한 값을 계산합니다. 함수 NaturalSequence은 수열 (1.3.1)의 n번째 항을 계산합니다.

라인 12: 변수 e와 f를 float64 타입으로 선언하고 초기화합니다. 여기에는 각각 최종 결괏값과 거듭제곱할 값이 저장됩니다. 변수 n은 int 타입이므로 float64 타입의 변수 f에 대입하기 전에 타입 변환type change을 해 주어야 합니다.

라인 13: 변수 d에 함수 BaseN으로 구한 n의 이진법 자릿값을 []int 타입의 슬라이스로 저장합니다.

라인 14: 슬라이스 타입의 변수 d의 각 요소를 순서대로 읽으면서 반복문을 실행합니다. 변수 i와 k에는 각각 요소의 인덱스와 값이 저장됩니다.

라인 15: 자릿값 k가 1일 때 반복 제곱을 i번 시행합니다.

예시함수로 함수 NaturalSequence를 테스트해 봅시다. 인덱스 $n$을 1부터 10을 곱해가며 수열의 항을 계산해 보겠습니다.

cal/natural_example_test.go **코드 1.6**

```go
func ExampleNaturalSequence() {
    var n int = 1
    for i := 0; i < 8; i++ {
        a := NaturalSequence(n)
        fmt.Printf("%.3f\t %.4f\t (n = %.e)\n",
        a, a, float64(n))
        n *= 10
    }
    // Output:
```

```
    // 2.000   2.0000   (n = 1e+00)
    // 2.594   2.5937   (n = 1e+01)
    // 2.705   2.7048   (n = 1e+02)
    // 2.717   2.7169   (n = 1e+03)
    // 2.718   2.7181   (n = 1e+04)
    // 2.718   2.7183   (n = 1e+05)
    // 2.718   2.7183   (n = 1e+06)
    // 2.718   2.7183   (n = 1e+07)
}
```

예시 함수에 적힌 예상 결과 (`// Output:` 아래) 에 나타나 있듯이, 수열 (1.3.1)의 항은 무한히 커지지 않고 어떤 값에 수렴합니다. 이렇게 수열이 하나의 값에 꾸준히 가까워지는 것을 수렴convergence이라고 하고, 그 때의 값을 극한limit이라고 합니다. 수열 $a_n$ 의 극한을 아래의 기호로 표기합니다.

$$\lim_{n \to \infty} a_n$$

수열의 수렴은 처음에 등장하는 유한 개의 항에 영향을 받지 않습니다. 수열의 뒷 부분에 등장하는 나머지 항remaining terms의 값에 따라 수열의 수렴이 결정됩니다.

수열 (1.3.1)이 수렴하는 값을 자연 상수natural constant라 합니다.

$$\lim_{n \to \infty} \left(1 + \frac{1}{n}\right)^n = e = \mathbf{2.718281828459045235360287471352662497757 24\cdots}$$

자연 상수는 $\sqrt{2}$와 함께 대표적인 무리수의 한 예입니다. 또한 §2에서 다룰 지수함수exponential function와 로그함수logarithmic function와도 밀접한 관계가 있습니다. 앞으로 수열 (1.3.1)을 자연 상수 수열이라고 부르겠습니다.

수열이 수렴하지 않는 경우를 발산divergence이라 합니다. 발산은 크게 두 가지 경우로 나뉩니다. 하나는 아래 수열과 같이 두 개 이상의 값을 진동oscillate하는 경우입니다. 아래 수열은 인덱스 $n$이 짝수일 때는 $-1$, 홀수일 때는 1입니다.

$$a_n = \sin\frac{n\pi}{2}$$

다른 하나는 수열의 항이 무한히 커지는 경우입니다. 발산하는 수열과 점화식으로 정의되는 수열의 예를 아래의 점화식으로 살펴보겠습니다.

$$a_{n+2} = a_{n+1} + a_n \tag{1.3.2}$$

식 (1.3.2)와 같이 선행하는 수열의 항으로 뒤따르는 수열의 항을 정의하는 관계식을 점화식이라 합니다.[8] 점화식 (1.3.2)로 정의된 수열을 피보나치 수열Fibonacci sequence이라고 합니다. 피보나치 수열의 항을 구하기 위해서는 점화식에 따라 선행하는 항을 역추적해야 합니다. 예를 들어, $a_5$는 아래와 같이 구할 수 있습니다.

$$\begin{aligned}
a_5 &= a_4 + a_3 \\
&= (a_3 + a_2) + a_3 \\
&= ((a_2 + a_1) + a_2) + (a_2 + a_1) \\
&= (((a_1 + a_0) + a_1) + (a_1 + a_0)) + ((a_1 + a_0) + a_1) \\
&= 4a_1 + 3a_0
\end{aligned}$$

모든 피보나치 수열의 항은 처음 두 개의 항 $a_0$과 $a_1$의 값으로 결정됩니다. 일반적으로는 아래 두 개의 값을 사용합니다.

$$a_0 = 1, \quad a_1 = 1 \tag{1.3.3}$$

이를 아래의 Go 함수로 구현해 봅시다.

코드 1.7

cal/fibonacci.go

```
func Fibonacci(n int) float64 {
    if n == 0 || n == 1 {
```

[8] 점화식으로 수열의 일반항을 정의하는 것을 귀납적 정의inductive definition라고 합니다.

```
5         return 1
6     }
7     f := [2]float64{1, 1}
8     for i := 2; i <= n; i++ {
9         f[0], f[1] = f[1], f[0]+f[1]
10    }
11    return f[1]
12 }
```

**코드 설명**

함수 `Fibonacci`는 `int` 타입의 인덱스 `n`을 입력받아 피보나치 수열의 $n$번째 항을 `float64` 타입으로 반환합니다.

**라인 4-6:** 식 (1.3.3)에서 정한대로 인덱스 `n`의 값이 0이거나 1이면 1을 반환하고 함수가 종료됩니다. 기호 `||`는 논리합logical OR을 의미합니다. 이는 양 쪽의 구문 중 하나라도 참이면 참을 반환합니다.

**라인 7:** 변수 `f`를 배열 `[2]float64`타입으로 선언하고 각 요소의 값을 1로 초기화합니다. 이렇게 대괄호 안에 숫자를 지정하여 여러 개의 데이터를 묶은 형태를 배열array이라고 합니다.[a] 변수 `f`에는 마지막으로 계산한 두 개의 피보나치 수열의 항의 값을 저장합니다.

**라인 9:** `i`번째와 `i-1`번째 피보나치 항을 각각 `f[1]`, `f[0]`에 저장합니다. 이는 라인 8에서 선언된 변수 `i`가 입력값 `n`이 될 때까지 시행됩니다. 반복문이 종료되면 `f[1]`에는 $n$번째 피보나치 항이 저장됩니다.

[a]배열과 슬라이스는 대괄호 안의 숫자의 유무로 구분됩니다. 슬라이스 변수에는 요소를 계속 추가할 수 있지만, 배열 변수에는 처음에 지정된 개수의 요소만 넣을 수 있습니다.

이를 아래의 예시함수로 테스트해 봅시다.

**코드 1.8**

cal/fibonacci_example_test.go

```
func ExampleFibonacci() {
```

```go
    fmt.Println(Fibonacci(10))
    // Output: 89
}
```

## 수열의 수렴의 의미를 알아봅시다.

직관적으로 수렴은 어떤 값에 점점 가까워지는 것을 말합니다. 수렴에 관한 두 가지 질문은 다음과 같습니다.

1. 수열이 수렴하는 것을 어떻게 증명proof할까요?
2. 만약 수열이 수렴한다면, 그 극한을 어떻게 구할 수 있을까요?

코드 1.5와 같이 수열의 항을 몇 개 구하는 것으로는 자연 상수 수열 (1.3.1)이 수렴하는 것을 증명하지 못합니다. 또한 수열의 수렴을 증명하는 것과 그 극한을 구하는 것은 다른 문제입니다. 자연 상수natural constant $e$와 같이 수렴을 전제로 극한을 정의한 경우에는 극한의 존재를 수렴의 증명에 역으로 사용할 수 없습니다.

극한의 존재를 보이는 것이 수렴을 증명하는 것과 같습니다. 아래의 수열은 극한이 0임을 보임으로써 수렴을 증명할 수 있습니다.

$$a_n = \frac{1}{n}, \quad a_0 = 1 \tag{1.3.4}$$

수열의 수렴은 증명이 필요합니다. 수열의 수렴을 증명하는 방법은 두 가지로 분류됩니다.

1. 극한을 구하지 않고 수열의 수렴을 증명하는 방법 (예: 자연 상수 수열)
2. 예상되는 극한이 있을 때 수열이 그 값으로 수렴하는 것을 증명하는 방법 (예: $\frac{1}{n}$)

첫 번째 방법은 실수의 최대 상계 원리least upper bound principle와 같은 수학적 명제를 이용합니다. 여기에는 정해진 방식이 없습니다. (자연 상수 수열의 수렴을 증명하는 방법은 수학 원리 1.4를 참고하세요.)

여기서는 두 번째 방법에 대해 자세히 살펴보겠습니다. 수열의 항이 어떤 값에 가까이 가는 것을 보이는 것은 §3에서 다룰 함수의 극한과 밀접한 관련이 있습니다.

**수열의 항이 어떤 값에 가까이 가는 것은 어느 순간 두 개의 값을 서로 구분할 수 없을 정도로 가까워진다는 것을 말합니다.**

두 수를 구분할 수 없다는 것은 §1.1에서 언급한 실수의 서로 같음을 비교하는 것과 같은 개념입니다. 즉, 수열의 수렴을 기술하려면 역치의 개념이 필요합니다.

역치가 $\varepsilon = 10^{-3}$이면, 모든 실수는 십진법으로 소수점 세 번째 자리까지만 표현할 수 있습니다. 이는 소수점 네 번째 이후의 값의 변화를 알 수 없다는 뜻입니다.

이를 자연 상수 수열에 적용해 봅시다. 코드 1.6에서 보았듯이, 인덱스 $n = 10^4$ 이후의 소수점 세 번째 자리는 $2.718$에서 변하지 않습니다. 즉, 대략 만 번째 이후의 수열의 항은 모두 같다고 말할 수 있습니다. 만약 역치가 $\varepsilon = 10^{-4}$라면 $n = 10^5$ 이후부터 그 값이 변하지 않습니다.

여기서 핵심은 이러한 역치를 임의로 잡을 수 있다는 것입니다. 아무리 작은 역치를 잡더라도 인덱스가 충분히 커지면 나머지 항의 값이 극한의 값과 같아진다는 뜻입니다. 이는 임의의 역치 $\varepsilon$가 주어지더라도 수열의 값을 극한의 값과 구분할 수 없게 되는 충분히 큰 인덱스의 값 $N$이 존재한다는 것입니다. 이러한 대응 관계는 실수 $\varepsilon$에서 자연수 $N$으로의 함수 $N(\varepsilon)$를 정의합니다.

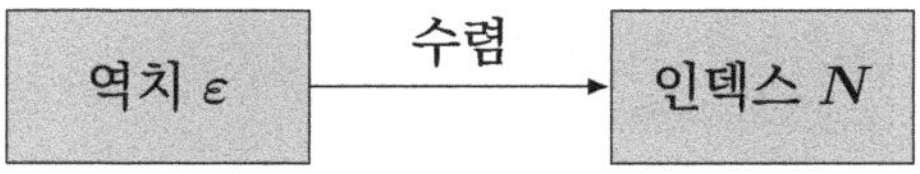


즉, 수렴의 본질은 함수 `N(Eps)`의 존재입니다. (이것이 실제로 증명에 어떻게 이용되는지를 보려면 수학 원리 1.5를 참고하세요.)

**수학 원리 1.4**

극한을 예상할 수 없을 때 수열의 수렴을 증명하는 방법 중 하나는 아래의 명제를 이용하는 것입니다.

단조 증가monotonic increase하고 상계가 존재하는 수열은 수렴한다.

위 정리에 등장한 용어를 먼저 살펴봅시다. 어떤 수열이 단조 증가한다는 것은 다음 수열의 항이 항상 증가하는 것을 의미합니다. 즉, 모든 인덱스 $n$에 대해 아래의 부등식이 성립하는 것을 말합니다.

$$a_n \le a_{n+1}$$

그리고 수열의 상계란 모든 수열의 항에 대해 다음 부등식을 만족하는 상수 $L$을 말합니다.

$$a_n \le L$$

위 명제에서 명시한 수열의 두 가지 조건은 수열의 항이 단조 증가하는 것과 상계가 존재하는 것입니다. 자연 상수 수열 (1.3.1)은 이 두 가지 조건을 만족합니다. 먼저, 모든 인덱스 $n$에 대해 아래의 부등식이 성립합니다.

$$\left(1+\frac{1}{n}\right)^n \le \left(1+\frac{1}{n+1}\right)^{n+1} \tag{1.3.5}$$

이를 보이기 위해 부등식 (1.3.5)를 다음과 같이 변형해 봅시다.

$$\begin{aligned}\left(1-\frac{1}{(n+1)^2}\right)^n \frac{n+2}{n+1} &\ge \left(1-\frac{n}{(n+1)^2}\right)\frac{n+2}{n+1}\\ &= \frac{(n^2+n+1)(n+2)}{(n+1)^3}\\ &= \frac{(n+1)^3+1}{(n+1)^3} > 1\end{aligned}$$

우변의 항이 항상 1보다 크거나 같다는 것을 보이면 부등식 (1.3.5)를 증명하는 것입니다. 여기서 $\alpha$를 다음과 같이 치환해 봅시다.

$$\alpha = -\frac{1}{(n+1)^2} \tag{1.3.6}$$

$\alpha > -1$일 때 다음이 항상 성립합니다. (이를 베르누이 부등식Bernoulli's inequality이라 합니다.)

$$(1+\alpha)^n \ge 1+n\alpha$$

이제 식 (1.3.6)을 베르누이 부등식에 대입하면 다음과 같은 결과를 얻습니다.

$$\begin{aligned}\left(1-\frac{1}{(n+1)^2}\right)^n \frac{n+2}{n+1} &\ge \left(1-\frac{n}{(n+1)^2}\right)\frac{n+2}{n+1}\\ &= \frac{(n^2+n+1)(n+2)}{(n+1)^3} = \frac{(n+1)^3+1}{(n+1)^3} > 1\end{aligned}$$

다음으로 자연 상수 수열의 상계가 존재하는 것을 살펴봅시다. 이항 전개binomial expansion는 거듭 제곱 형태의 다항식의 전개expansion에 관한 공식입니다.

$$\begin{aligned}(x+y)^n =& x^n + nx^{n-1}y + \frac{n(n-1)}{2!}x^{n-2}y^2 \\ &+ \frac{n(n-1)(n-2)}{3!}x^{n-3}y^3 + \cdots + \frac{n(n-1)\cdots 1}{n!}y^n \\ =& \sum_{k=0}^{n}\binom{n}{k}x^{n-k}y^k, \quad \binom{n}{m} = \frac{n!}{m!(n-m)!}\end{aligned} \tag{1.3.7}$$

이를 이용하면 아래의 부등식이 성립하는 것을 보일 수 있습니다.

$$\begin{aligned}\left(1+\frac{1}{n}\right)^n =& 1 + n\frac{1}{n} + \frac{n(n-1)}{2!}\left(\frac{1}{n}\right)^2 \\ &+ \frac{n(n-1)(n-2)}{3!}\left(\frac{1}{n}\right)^3 + \cdots + \frac{n(n-1)\cdots 1}{n!}\left(\frac{1}{n}\right)^n \\ \leq& 1 + 1 + \frac{1}{2!}\left(\frac{n}{n}\right)\left(\frac{n-1}{n}\right) + \cdots + \frac{1}{n!}\left(\frac{n}{n}\right)\left(\frac{n-1}{n}\right)\cdots\left(\frac{1}{n}\right) \\ \leq& 1 + 1 + \frac{1}{2!} + \frac{1}{3!} + \cdots + \frac{1}{n!} \\ \leq& 1 + 1 + \frac{1}{2} + \left(\frac{1}{2}\right)^2 + \cdots + \left(\frac{1}{2}\right)^{n-1} < 3\end{aligned}$$

**수학 원리 1.5**

수열 (1.3.4)의 극한이 0임을 증명해 봅시다. 만약 역치가 $\varepsilon > 0$로 주어졌다면, 아래의 부등식이 성립할 때 수열의 항 $a_n$은 극한 0과 구분할 수 없습니다.

$$|a_n - 0| < |a_n| < \varepsilon \tag{1.3.8}$$

여기에 수열의 일반항 공식을 대입하면 아래와 같습니다.

$$\frac{1}{n} < \varepsilon \tag{1.3.9}$$

따라서 $n > \frac{1}{\varepsilon}$이면 부등식 (1.3.8)이 성립하게 됩니다. 이제 아래와 같이 함수 $N(\varepsilon)$를 정의해 봅시다.

$$N = \left\lfloor \frac{1}{\varepsilon} \right\rfloor + 1 \tag{1.3.10}$$

여기서 $\lfloor x \rfloor$는 $x$보다 작거나 같은 정수 중 가장 큰 수를 의미합니다. $N(\varepsilon)$보다 큰 모든 자연수

$n$에 대해 부등식 (1.3.9)가 성립하므로 수열은 수렴합니다.

## 1.4 수를 더해나가는 것: 급수의 응용

자연 상수 $e$가 특별한 이유는 그 값을 아래와 같은 급수series의 합으로도 표현할 수 있기 때문입니다.

$$e = 1 + \frac{1}{1!} + \frac{1}{2!} + \frac{1}{3!} + \frac{1}{4!} + \cdots \tag{1.4.1}$$

여기서 $n!$은 $n$의 계승factorial이라고 하며

$$n! = n \cdot (n-1) \cdots 2 \cdot 1$$

로 정의됩니다. 위 식에 등장하는 말줄임표 $\cdots$ 와 등호 $=$의 수학적 의미를 이해하는 것은 급수를 이해하는 핵심입니다.

**급수를 정의해 봅시다.**

쉽게 말해 급수는 수열의 항을 모두 더한 것입니다. 수열이 유한 수열일 때 급수는 모든 유한 개의 실수를 더한 값입니다. 문제는 수열이 무한 수열일 때 입니다. 무한히 많은 수를 어떻게 더할까요?

**급수는 수열의 항을 순차적으로 더해나가는 것을 말합니다.**

엄밀히 말해 급수는 특정 수를 가리키는 것이 아니라, 수열의 항을 더하는 과정을 가리킵니다. 어떤 (무한)수열 $a_n$이 주어졌을 때, 아래와 같이 새로운 수열 $s_n$을 정의해 봅시다. (이를 부분합partial sum이라 합니다.)

$$\begin{aligned}
s_0 &= a_0, \\
s_1 &= a_0 + a_1, \\
s_2 &= a_0 + a_1 + a_2, \\
&\vdots \\
s_n &= a_0 + a_1 + a_2 + \cdots + a_n, \\
&\vdots
\end{aligned}$$

새로운 수열 $s_n$의 극한이 존재하면 급수가 수렴한다고 합니다. 예를 들어, 극한이 $L$이라면 이를 기호로 아래와 같이 씁니다.

$$\sum_{n=0}^{\infty} a_n = L \tag{1.4.2}$$

반대로 급수가 수렴하지 않으면 발산diverges한다고 합니다. 식 (1.4.2)는 수열의 일반항 공식을 알고 있을 때 사용하는 급수의 표현식입니다. 자연 상수에 관한 급수 (1.4.1)과 같이 일반항 공식을 처음 몇 개의 항으로 쉽게 유추할 수 있으면 급수를 아래와 같이 표기하기도 합니다.

$$a_0 + a_1 + a_2 + \cdots$$

수열의 수렴 여부를 따져보는 것 처럼, 급수의 수렴 여부를 따져볼 수 있습니다. 급수의 수렴(또는 발산)의 판별에 관한 명제를 수렴판정법convergence test이라 합니다. 여러 가지가 있지만, 대표적인 몇 가지는 다음과 같습니다.

$n$번째 항 판정법nth term test

수열의 항 $a_n$이 $0$에 수렴하지 않으면 급수 $\sum_{n=0}^{\infty} a_n$는 발산한다.

비율판정법ratio test

수열의 항 $a_n$이 모두 양수이고

$$\lim_{n\to\infty}\left|\frac{a_{n+1}}{a_n}\right| = c$$

일 때, 급수 $\sum_{n=0}^{\infty} a_n$는 $c < 1$일 때 수렴하고 $c > 1$일 때 발산한다.

이를 이용하여 급수 (1.4.1)의 수렴을 판별해 봅시다. $n$번째 항 판정법은 급수의 수렴을 확인하기 위해 가장 먼저 고려할 판정법입니다. 이는 사실 급수의 발산을 판별하는 것이지만, 이를 통해 급수가 발산하는 것을 미리 확인하면 더 이상 수렴을 고민하지 않아도 됩니다. 아래의 극한으로부터 급수가 $n$번째 항 판정법의 조건을 만족하지 않음을 알 수 있습니다.

$$\lim_{n\to\infty}\frac{1}{n!} = 0$$

그렇다고 아직 급수가 수렴한다는 것은 아닙니다. $n$번째 항 판정법으로는 수렴 여부를 아직 알 수 없습니다.

다음으로 비율판정법을 적용해 봅시다. 먼저 모든 항이 양수라는 첫 번째 조건은 만족합니다. 두 번째 조건의 만족 여부를 판별하기 위해 비율의 극한을 계산해 봅시다.

$$\lim_{n\to\infty} \frac{1/(n+1)!}{1/n!} = \lim_{n\to\infty} \frac{1}{n+1} = 0$$

극한 $0$은 자명하게 $1$보다 작으므로 비율판정법에 따라 급수 (1.4.1)은 수렴합니다.

**급수를 이용하여 자연 상수를 계산해 봅시다.**

급수 (1.4.1)은 자연 상수를 정의하는 수열 (1.3.1)보다 빠르게 $e$로 수렴합니다. 이 말의 뜻을 이해하기 위해 급수 (1.4.1)을 Go 함수로 구현해 봅시다.

코드 1.9

cal/natural.go

```
22 func NaturalSeries(n int) float64 {
23     var f, p float64 = 1, 1
24     for i := 0; i < n; i++ {
25         p /= float64(i + 1)
26         f += p
27     }
28     return f
29 }
```

**코드 설명**

함수 `NaturalSeries`는 급수의 항의 개수 `n`을 입력받아 급수 (1.4.1)의 $n$번째 항까지 더한 값을 반환합니다.

**라인 23:** 변수 `f`와 `p`를 모두 1로 초기화합니다. 변수 `f`에는 최종 계산된 값을, `p`에는 급수의 각 항의 값을 저장합니다.

**라인 25:** 급수의 `i`번째 항을 이전 항을 `i+1`으로 나눈 것으로 계산합니다. 이렇게 하면 매번 계승 $n!$을 계산하지 않아도 되므로 계산 속도가 빨라집니다.

앞 절 §**1.3**에서 구현한 함수 `NaturalSequence`와의 속도를 비교하기 위해 아래와 같이 예시 함수를 작성하고 테스트해 봅시다.

코드 1.10

cal/natural_example_test.go

```

func ExampleNaturalSeries() {
    fmt.Printf("%.6f (sequence)\n", NaturalSequence(10))
    fmt.Printf("%.6f (series)\n", NaturalSeries(10))
    // Output:
    // 2.593742 (sequence)
    // 2.718282 (series)
```

같은 10번째라도 수열 (1.3.1)의 항 $a_{10}$과 급수 (1.4.1)의 부분합 $s_{10}$은 정확도에서 큰 차이가 있습니다. 만약 수열을 이용하여 같은 정밀도의 값을 얻으려면 매우 큰 인덱스 $n$에서의 항을 계산해야 합니다. 이러한 의미로 자연 상수는 급수 (1.4.1)로 계산하는 것이 수열 (1.3.1)로 계산하는 것 보다 빠릅니다.[9]

자연 상수를 계산하는데 급수가 유리한 이유는 속도뿐만이 아닙니다. 급수를 이용하면 원하는 정확도에 도달하기 위해 계산해야 하는 항의 개수를 정확히 알 수 있습니다. 예를 들어, 급수 (1.4.1)을 $n$번째 항까지 계산했다면, 나머지 항을 모두 더한 것은 아래의 상한upper bound을 갖습니다.

$$\begin{aligned}&\frac{1}{(n+1)!}+\frac{1}{(n+2)!}+\frac{1}{(n+3)!}+\cdots\\&=\frac{1}{(n+1)!}\left(1+\frac{1}{n+2}+\frac{1}{(n+3)(n+2)}+\cdots\right)<\frac{2}{(n+1)!}\end{aligned}$$

따라서 오차의 역치가 $\varepsilon$으로 주어지면 이를 다음 부등식이 만족될 때까지 급수의 항을 더해나가면 됩니다.

$$\frac{1}{(n+1)!}<\frac{\varepsilon}{2}$$

[9]앞 절 §**1.3**에서 반복 제곱을 통해 큰 인덱스에서의 자연 상수 수열의 항을 빠르게 계산할 수 있었습니다. 여기서는 이러한 알고리즘적인 요소를 배제한 단순 비교를 말하는 것입니다.

이번에는 조금 다른 급수를 살펴봅시다.

$$1 - \frac{1}{2} + \frac{1}{3} - \frac{1}{4} + \cdots \tag{1.4.3}$$

급수의 항의 부호는 인덱스의 홀짝에 따라 변합니다. 이러한 급수를 교대 급수라 합니다.

**교대 급수 판정법**alternating series test

항의 부호가 번갈아가며 나타나는 수열을 교대 수열alternating sequence이라 합니다. (식 (1.4.3)을 참고하세요.) 교대 수열로 만든 급수를 교대 급수alternating series라 합니다. 교대수열의 크기가 $0$에 수렴하면 급수 또한 수렴합니다.

급수의 항이 $0$으로 수렴하므로 교대 급수 판정법에 의해 급수 (1.4.3)은 수렴합니다.

$$\lim_{n\to\infty} \frac{1}{n} = 0$$

이 급수는 $\log 2$로 수렴하고, 이는 §2.2에서 다룰 로그함수와 관련이 있습니다.

여기서 기억할 것은 급수 (1.4.3)이 수렴하는 이유는 $n$번째 항 판정법 때문이 아니라는 것입니다. 급수의 일반항이 $0$에 수렴하더라도 급수가 발산할 수 있습니다. 예를 들어, 아래의 급수를 살펴봅시다.

$$1 + \frac{1}{2} + \frac{1}{3} + \frac{1}{4} + \cdots \tag{1.4.4}$$

이 급수는 무한대로 발산합니다. 이는 아래와 같이 급수의 합을 묶어서 보일 수 있습니다.

$$1 + \frac{1}{2} + \underbrace{\left(\frac{1}{3} + \frac{1}{4}\right)}_{\geq \frac{1}{2}} + \underbrace{\left(\frac{1}{5} + \cdots + \frac{1}{8}\right)}_{\geq \frac{1}{2}} + \underbrace{\left(\frac{1}{9} + \cdots + \frac{1}{16}\right)}_{\geq \frac{1}{2}} + \cdots$$

급수의 수렴과 발산은 특별한 함수를 정의하는 역할을 합니다. 예를 들어, 아래와 같은 급수를 생각해 봅시다.

$$1 + \frac{x}{1!} + \frac{x^2}{2!} + \frac{x^3}{3!} + \cdots \tag{1.4.5}$$

여기서 $x$는 임의의 실수를 가리키는 변수입니다. $x$에 대입된 값이 무엇이냐에 따라 수렴과 발산의 여부와 극한 값이 바뀝니다. 즉, 이 급수는 $x$를 입력하면 어떤 값이 출력되는 함수라 할 수 있습니다.

$$\exp(x) = 1 + \frac{x}{1!} + \frac{x^2}{2!} + \frac{x^3}{3!} + \cdots \tag{1.4.6}$$

함수는 입력과 출력의 대응 규칙rule of assignment뿐 아니라 입력 변수의 범위를 가리키는 정의역domain으로 정의됩니다. 식 (1.4.5)는 $x$에 함수의 값을 대응시키는 대응 규칙입니다. 변수 $x$는 실수를 가리키므로 정의역은 구간interval으로 주어집니다. 비율판정법을 이용하면 이 급수는 모든 실수 $x$에 대해 수렴하는 것을 알 수 있습니다.

$$\lim_{n\to\infty}\left|\frac{x^{n+1}/(n+1)!}{x^n/n!}\right| = \lim_{n\to\infty}\frac{|x|}{n+1} = 0 < 1$$

따라서 **exp**는 모든 실수의 집합 $(-\infty,\infty)$ (또는 $\mathbb{R}$) 에서 정의된 함수입니다.

$$\mathbf{exp} : (-\infty,\infty) \to \mathbb{R}$$

이와 같이 정의된 급수의 형태를 멱급수power series라 합니다.

> **멱급수는 실수를 가리키는 변수 $x$와 무한 수열 $a_n$, 그리고 상수 $c$에 의해 아래의 형태로 정의된 급수식을 말합니다.**
>
> $$\sum_{n=0}^{\infty} a_n(x-c)^n = a_0 + a_1(x-c) + a_2(x-c)^2 + a_3(x-c)^3 + \cdots$$

여기서 $x = c$를 멱급수의 수렴 중심center of convergence이라 합니다. 앞서 본 멱급수 (1.4.6)의 수렴 중심은 $c = 0$입니다. 수렴 중심에서 멱급수는 항상 수렴합니다. 핵심은 $x$가 수렴 중심으로부터 얼마만큼 멀어지더라도 멱급수가 수렴하는지를 알아내는 것입니다. 이를 수렴 반경radius of convergence이라 합니다. 예를 들어, 멱급수 (1.4.5)는 $x$가 수렴 중심으로부터 무한히 멀어지더라도 항상 수렴하므로 수렴 반경은 무한대라고 할 수 있습니다. (이를 $R = \infty$라 표기합니다.)

아래는 수렴반경이 유한한 멱급수의 한 예입니다.

$$x - \frac{x^2}{2} + \frac{x^3}{3} - \frac{x^4}{4} + \cdots \tag{1.4.7}$$

이 급수의 수렴 반경은 $R = 1$입니다. (이 증명은 수학 원리 1.6를 참고하세요.) 이 급수는 **§2.1**에서 소개할 로그함수logarithm function **log**의 값을 계산합니다.

$$\mathbf{log}(1+x) = x - \frac{x^2}{2} + \frac{x^3}{3} - \frac{x^4}{4} + \cdots$$

멱급수의 각 항은 $x - c$의 거듭 제곱입니다. (이를 멱함수power function라 하고 멱급수의 이름도 여기에서 유래한 것입니다.) 멱함수의 그래프는 $x = c$를 중심으로 대칭적인 모양을 갖습니다. 따라서 멱급수가 수렴하는 구간은 항상 수렴 중심을 기준으로 대칭적입니다. 다시 말해 수렴 반경이 $R$이라면 $c - R < x < c + R$에서 멱급수는 수렴하고 $x < c - R$ 또는 $c + R < x$에서 발산합니다. 이러한 멱급수의 수렴과 발산은 §3.3에서 다룰 테일러 급수Taylor series에서 중요한 역할을 합니다.

**수학 원리 1.6**

멱급수 (1.4.7)의 수렴 반경이 $R = 1$임을 증명해 봅시다. $x$가 상수라 가정하고, 비율판정법을 적용해 봅시다. (멱급수의 각 항 전체 $\dfrac{x^n}{n}$를 판정법의 $a_n$에 대입해야 합니다.)

$$\lim_{n\to\infty}\left|\frac{x^{n+1}/(n+1)}{x^n/n}\right| = \lim_{n\to\infty}\frac{n}{n+1}|x| = |x|$$

즉, $|x| < 1$일 때 멱급수는 수렴하고 $|x| > 1$일 때 발산합니다. 따라서 수렴 반경은 $R = 1$입니다.

조금 더 나아가 수렴 반경의 경계boundary에서는 멱급수의 수렴 여부를 살펴봅시다. 먼저 $x = 1$인 경우는 앞서 식 (1.4.3)을 통해 수렴함을 보였습니다. 다음으로 $x = -1$인 경우를 살펴봅시다. 이 때 급수의 모든 항은 음수가 됩니다.

$$-\left(1 + \frac{1}{2} + \frac{1}{3} + \frac{1}{4} + \cdots\right)$$

여기서 $-$부호를 뺀 부분은 발산함을 식 (1.4.4)에서 살펴보았습니다. 따라서 멱급수 (1.4.7)은 1을 포함하고 $-1$을 포함하지 않는 구간 $(-1, 1]$에서 수렴합니다.

# 제 2 장
# 함수function의 계산

함수는 그것의 영어 이름에서 알 수 있듯이, 일정한 입력에 대한 일정한 결과를 출력하는 기능을 수행하는 것을 말합니다. 함수의 개념은 음료수 자판기를 생각하면 쉽게 생각할 수 있습니다: 자판기가 정상적으로 그 기능을 수행한다는 것은 사용자가 정해진 입력값(돈)을 넣었을 때 정해진 결괏값(음료수)이 나오는 것입니다. 만약 돈을 넣었는데 반응이 없거나, 음료수 아래 버튼을 눌렀는데 엉뚱한 음료수가 나오면 자판기는 제 기능을 하지 못한다고 할 수 있습니다. 또한 사용자는 정해진 몇 가지 방법으로만 입력을 넣을 수 있습니다. 동전이나 지폐를 일정한 방법으로 일정한 위치에 기계에 삽입해야 하며, 정해진 버튼을 눌러야 자판기가 제대로 작동합니다. 이와 같이 함수도 미리 정해진 입력값의 범위에 따른 출력값을 대응시키는 것이라 할 수 있습니다. 이때 입력값의 범위를 정의역이라 하고 출력값의 범위를 치역range이라 하며, 이들의 원소를 연결하는 관계를 대응 규칙correspondence rule이라 합니다. 이 장에서는 이러한 함수를 계산하고 다루는 방법에 대해 알아봅시다.

## 2.1 거듭 제곱의 확장: 지수함수exponential function와 로그함수logarithmic function의 이해

앞 절 §**1.2**에서 $\sqrt{2}$가 무리수라는 것과 유리수로 근사approximate할 수 있음을 보였습니다. 또한 제곱근을 계산하는 Go 함수 `Sqrt`를 구현하였습니다. 이를 조금 변형하면 $n$제곱근을 구하는 함수도 쉽게 구현할 수 있습니다. 이것을 언급하는 이유는 아래의 수식을 어떻게 정의하고 계산할지 생각해 보기 위함입니다.

$$2^{\sqrt{2}}$$

많은 (중고등학교 수준의) 교과서에서 이를 아래와 같이 극한으로 정의합니다.

$$2^{1}, 2^{1.4}, 2^{1.41}, 2^{1.414}, 2^{1.4142}, \cdots \to 2^{\sqrt{2}}$$

이를 이용하여 $2^{\sqrt{2}}$의 근삿값을 계산할 때 어떤 문제가 발생하는지 살펴봅시다. 먼저 $\sqrt{2}$를 유리수 $1.4142$로 근사합니다. (아주 정확하다고 할 수는 없지만, 현실적인 계산을 위해 이 정도의 근삿값을 사용할 수 밖에 없습니다.) 이제 $2^{\sqrt{2}}$를 아래의 값으로 근사합니다.

$$2^{1.4142} = 2^{7071/5000} = \sqrt[5000]{2^{7071}}$$

위 식에 따르면 $2^{\sqrt{2}}$를 근사하기 위해서는 $2$를 $7071$번 곱하여 얻은 값의 $5000$제곱근을 구해야 합니다. 이것은 이론적으로는 가능하지만, 계산이 거의 불가능합니다. (일단 $2^{7071}$은 $10^{2000}$이 넘습니다. 이것의 $5000$제곱근을 구하는 것은 더욱 불가능합니다.[1]) 따라서 지수함수 **exp**와 로그함수 **log**가 필요합니다.

**지수함수를 정의해 봅시다.**

앞 절 §**1.4**의 식 (1.4.6)에서 지수함수를 소개하였지만, 여기서 이를 다시 정의하겠습니다.[2] 실수 전체의 집합을 $\mathbb{R}$, 양의 실수의 집합을 $\mathbb{R}_{>0}$이라 표기합시다.

[1]계산에 소요되는 시간과 자원의 양이 비현실적입니다.

[2]결과적으로 §**1.4**의 정의와 이 절의 정의는 완전히 같습니다. 여기서 지수함수를 새로 정의하는 이유는 이후 §**3.1**에서 미분을 계산하는 수학적 논증을 간소화하기 위함입니다.

**지수함수 $\exp : \mathbb{R} \to \mathbb{R}_{>0}$ 는 아래의 대응 규칙을 갖는 함수입니다.**

$$\exp(x) = \lim_{n\to\infty} \left(1 + \frac{x}{n}\right)^n \tag{2.1.1}$$

위 식에 등장하는 극한자limitant를 수열로 정의해 봅시다.

$$a_n = \left(1 + \frac{x}{n}\right)^n \tag{2.1.2}$$

$x = 1$일 때 이는 **§1.3**에서 소개한 자연 상수 수열 (1.3.1)과 같습니다. 함수 **exp**를 구현하기 위해 `NaturalSequence`를 아래와 같이 조금 변형해 봅시다.

코드 2.1

cal/exp.go

```
func ExpSequence(x float64, n int) float64 {
    if n < 0 {
        return 0
    }
    d := BaseN(n, 2)
    var e, f float64 = 1, 1 + x/float64(n)
    for i, k := range d {
        if k == 1 {
            e *= IterativeSquare(f, i)
        }
    }
    return e
}
```

수열의 극한을 근사적으로 계산하는 것은 어려운 것이 아닙니다. 중요한 것은 왜 수열 (2.1.2)가 수렴하는가 입니다. 이는 증명이 필요한 문제이고, 지수함수가 잘 정의됨well-defined을 보이는 것과 같습니다. 이를 보이기 위해 **§1.3**의 수학 원리 1.4에서 소개한 단조 증가 수열의 수렴에 관한 명제를 사용할 수 있습니다. (자세한 증명은 수학 원리 2.1을 참고하세요.) 주의할 것은 $x$가 음의 실수인 경우, 수열의 모든 항이 단조 증가하지는 않는다는 것입니다. 예를 들어, 아래의 예시 함수는 $x = -5$일 때 수열의 항이 어떻게 변하는 지를 보여줍니다.

**코드 2.2**

cal/exp_example_test.go

```go
func ExampleExpSequence() {
    for i := 0; i < 10; i++ {
        fmt.Printf("%.5f\n", ExpSequence(-5, i))
    }
    // Output:
    // 1.00000
    // -4.00000
    // 2.25000
    // -0.29630
    // 0.00391
    // 0.00000
    // 0.00002
    // 0.00016
    // 0.00039
    // 0.00068
}
```

## 지수함수의 성질을 살펴봅시다.

첫 번째 성질은 지수함수가 단조 증가 함수monotonic increasing function라는 것입니다.

**$x < y$일 때 다음 부등식이 성립합니다.**

$$\exp(x) < \exp(y)$$

이를 보이기 위해 아래 세 가지 경우를 생각해 봅시다.

**$0 \le x < y$인 경우** 부등식의 양변에 똑같은 사칙 연산을 적용하면 아래의 부등식을 얻습니다.

$$\left(1 + \frac{x}{n}\right)^n < \left(1 + \frac{y}{n}\right)^n$$

따라서 양 변의 극한을 취하더라도 부등식이 성립합니다.

**$x < 0 \le y$인 경우** 인덱스 $n$이 충분히 크면 $|x| < n$이 되고, 이 때 아래의 부등식이 성립합니다.

$$1 + \frac{x}{n} = 1 - \frac{|x|}{n} < 1 < 1 + \frac{y}{n}$$

따라서 위와 같은 결론이 성립합니다.

**$x < y < 0$인 경우** 마찬가지로 $|x| < n$이면 아래의 부등식이 성립합니다.

$$1 + \frac{x}{n} = 1 - \frac{|x|}{n} < 1 - \frac{|y|}{n} = 1 + \frac{y}{n}$$

지수함수의 두 번째 성질은 다음과 같습니다.

> **임의의 두 실수 $x, y$에 대해 다음 등식이 성립합니다.**
>
> $$\exp(x+y) = \exp(x)\exp(y) \tag{2.1.3}$$

양변의 값을 다시 정의식 (2.1.1)로 표현해 봅시다.

$$\exp(x+y) = \lim_{n\to\infty}\left(1+\frac{x+y}{n}\right)^n$$
$$\exp(x)\exp(y) = \lim_{n\to\infty}\left(1+\frac{x}{n}\right)^n \lim_{n\to\infty}\left(1+\frac{y}{n}\right)^n$$

만약 각 인덱스 $n$에 대해 아래의 극한이 성립한다고 가정해 봅시다.

$$\lim_{n\to\infty}\frac{\left(1+\frac{x}{n}\right)^n\left(1+\frac{y}{n}\right)^n}{\left(1+\frac{x+y}{n}\right)^n} = 1 \tag{2.1.4}$$

이를 정리하면 아래와 같습니다.

$$\frac{\lim_{n\to\infty}\left(1+\frac{x}{n}\right)^n \lim_{n\to\infty}\left(1+\frac{y}{n}\right)^n}{\lim_{n\to\infty}\left(1+\frac{x+y}{n}\right)^n} = \frac{\exp(x)\exp(y)}{\exp(x+y)} = 1$$

따라서 극한식 (2.1.4)를 보이면 등식 (2.1.3)을 증명하는 것이 됩니다. 식 (2.1.4)의 극한자를 아래와 같이 다시 써 봅시다.

$$\frac{\left(1+\frac{x}{n}\right)^n\left(1+\frac{y}{n}\right)^n}{\left(1+\frac{x+y}{n}\right)^n} = \left(\frac{(n+x)(n+y)}{(n+x+y)n}\right)^n = \left(1+\frac{xy}{(n+x+y)n}\right)^n \tag{2.1.5}$$

여기에 **§1.3**에서서 소개한 베르누이 부등식 (1.3.6)을 적용하면 아래의 부등식을 얻습니다.

$$\left(1+\frac{xy}{(n+x+y)n}\right)^n \geq 1+\frac{xy}{n+x+y}$$

부등식의 오른쪽 항은 식 (2.1.4)의 극한자의 하한lower bound입니다. 이제 $n$이 무한히 커진다고 가정해 봅시다. 이 하한은 점점 1에 가까워집니다. 이는 식 (2.1.6)이 1보다 크고, 다음 부등식이 성립함을 말합니다.

$$\exp(x)\exp(y) \geq \exp(x+y) \tag{2.1.6}$$

이제 (2.1.4)의 역수를 계산해 봅시다.

$$\frac{\left(1+\frac{x+y}{n}\right)^n}{\left(1+\frac{x}{n}\right)^n\left(1+\frac{y}{n}\right)^n}\left(\frac{(n+x+y)n}{(n+x)(n+y)}\right)^n = \left(1-\frac{xy}{(n+x+y)n}\right)^n \geq 1-\frac{xy}{n+x+y}$$

여기서도 마찬가지로 $n$이 무한히 커지면 하한이 1에 가까워집니다. 그러나 이번에는 역수를 취하였으므로 부등식이 반대 방향임을 알 수 있습니다.

$$\exp(x+y) \geq \exp(x)\exp(y)$$

따라서 등식 (2.1.3)이 성립합니다.

마지막으로 보일 지수함수의 성질은 다음과 같습니다.

**모든 실수 $x$에 대해 다음 등식이 성립합니다.**

$$\exp(x) = \sum_{n=0}^{\infty}\frac{x^n}{n!} = 1 + x + \frac{x^2}{2!} + \frac{x^3}{3!} + \cdots \tag{2.1.7}$$

이 등식은 **§3.3**에서 소개할 테일러 급수로부터 유도되므로 여기서는 증명하지 않겠습니다. 참고로 많은 문헌에서 이 등식을 지수함수 **exp**의 정의definition로 사용합니다. 이 책에서 지수함수를 급수로 정의하지 않는 이유는 급수형태로 정의된 함수를 정의하게 되면 **§3**에서 다룰 미분가능성, 미분계수, 그리고 도함수에 관한 수학적 논리를 비약없이 전개하기가 까다로워지기 때문입니다.[3]

엄밀하게 보이는 것이 까다롭지만 식 (2.1.7)은 여러 가지 장점이 있습니다. 먼저 앞서 본

[3] 멱급수를 함수열(sequence of function)의 극한으로 정의하는 등의 해석적 논증이 추가적으로 필요하고, 이는 이 책의 수준을 넘는 것입니다.

지수함수의 성질 (2.1.3)을 쉽게 증명할 수 있습니다.

$$\begin{aligned}\exp(x+y) &= \sum_{n=0}^{\infty}\frac{(x+y)^n}{n!}\\ &= \sum_{n=0}^{\infty}\frac{1}{n!}\sum_{m=0}^{n}\binom{n}{m}x^m y^{n-m}\\ &= \sum_{n=0}^{\infty}\sum_{m=0}^{n}\frac{x^m}{m!}\frac{y^{n-m}}{(n-m)!}\\ &= \sum_{k=0}^{\infty}\sum_{l=0}^{\infty}\frac{x^l}{l!}\frac{y^k}{k!} = \exp(x)\exp(y)\end{aligned}$$

마지막에서 두 번째 등식은 $m = l$, $n - m = k$로 치환하여 얻은 것입니다. 이 외에도 자연 상수에 관한 급수식 (1.4.1)의 장점을 가집니다: 극한 (2.1.1)보다 빠르게 계산할 수 있고 원하는 정밀도를 정확하게 얻을 수 있습니다. 따라서 급수를 이용하여 지수함수를 다시 구현해 보겠습니다.

**코드 2.3**

cal/exp.go

```
17 func Exp(x float64) float64 {
18     var f, p float64 = 1, 1
19     for i := 0; !IsZero(p); i++ {
20         p *= x / float64(i+1)
21         f += p
22     }
23     return f
24 }
```

**코드 설명**

함수 Exp는 실수 x에서의 지수함수의 값을 역치 Eps내에서 정확하게 계산합니다.

**라인 18:** 변수 f와 p를 초기화합니다. f에는 최종 결괏값이, p는 급수의 각 항이 입력됩니다.

**라인 19:** p가 역치보다 작아질 때까지 반복합니다.

**라인 20:** 급수의 $i$번째 항을 계산합니다. 급수 (2.1.7)의 각 항의 분모와 분자를 매번 따로 계산하는 것은 비효율적입니다.[a] 초항을 제외한 모든 $n$번째 항은 $n-1$번째 항에 $x/n$을 곱한 것과 같습니다.

[a]이 보다 더 중요한 이유는 각각의 분모와 분자가 허용된 숫자의 범위를 넘어서는 오버플로우가 일어날 가능성이 커지기 때문입니다.

## 함수function의 개념을 다시 살펴봅시다.

Function이라는 영어 명칭에서 알 수 있듯이 함수는 어떤 기능을 수행합니다. 어떤 대상의 기능이 정상적으로 작동하려면 입력값의 범위가 정해져야 하고, 매번 같은 입력값이 주어졌을 때 항상 일정한 결과가 출력되어야 합니다. 즉, 함수는 입력값의 범위를 가리키는 정의역과 입력값을 결과에 대응시키는 대응 규칙으로 이루어집니다. 또한 함수의 출력값의 범위를 공역이라고 하고, 실제 출력되는 함숫값의 범위를 치역이라고 합니다. 예를 들어, 지수함수 $\exp$의 정의역은 $\mathbb{R}$이고, 치역은 $\mathbb{R}_{>0}$입니다. 공역은 치역을 포함하기만 하면 되므로 $\mathbb{R}$이라 할 수도 있고, $\mathbb{R}_{>0}$이라 할 수도 있습니다. 지수함수와 같이 실수를 입출력값으로 갖는 함수를 실함수real valued function라고 합니다. 더 나아가 하나의 실숫값을 입력받아 하나의 실숫값을 출력하는 함수를 일변수함수single variable function라 합니다. 앞으로 특별한 언급이 없는 한, 모든 함수는 일변수함수로 가정합니다.

어떤 함수 $f$가 일대일대응이라는 것은 정의역의 각 실수가 서로 다른 치역의 실수로 대응되는 것을 말합니다. 다시 말해 어떤 두 실숫값 $x, y$에서의 함숫값 $f(x), f(y)$이 서로 같으면 $x = y$임을 말합니다. 이를 다르게 표현하면, $x, y$가 서로 다르면 두 함숫값 $f(x), f(y)$는 항상 달라야 한다는 것과 같습니다.

지수함수 $\exp : \mathbb{R} \to \mathbb{R}_{>0}$는 일대일대응의 한 예입니다. 이는 앞서 보인 지수함수의 단조증가 성질로 증명할 수 있습니다. 만약 서로 다른 두 실수 $x, y$가 주어졌다고 해 봅시다. 두 실수 사이에는 항상 크기 비교가 가능하므로 $x < y$이거나 $y < x$이어야 합니다. 예를 들어, $x < y$라 해 봅시다. 지수함수의 단조 증가성으로 인해 $\exp(x) < \exp(y)$가 성립합니다. 즉, $\exp(x)$와 $\exp(y)$는 서로 다릅니다. 이는 $y < x$ 경우에도 비슷한 과정으로 증명할 수 있습니다.

함수 $f$가 일대일대응이고 정의역의 값 $x$가 대응되는 치역의 값을 $y = f(x)$라 해 봅시다. 이 경우 이러한 대응관계를 역으로 생각할 수도 있습니다. 치역의 값 $y$에 대응되는 정의역의 값 $x$를 유일하기 때문에 이를 새로운 대응관계로 생각하는 것이 가능합니다.

$$f^{-1} : y \mapsto x, \quad y = f(x)$$

이러한 대응관계를 갖는 함수를 $f$의 역함수inverse function라 합니다. 역함수의 정의역과 치역은 각각 원래 함수의 치역과 정의역이 됩니다.

> 로그함수 **log** : $\mathbb{R}_{>0} \to \mathbb{R}$는 **지수함수 exp** : $\mathbb{R} \to \mathbb{R}_{>0}$**의 역함수입니다.**

로그함수의 값 $\log a$는 방정식의 해로 정의됩니다.

$$\exp(x) = a$$

다시 말해 아래와 같이 정의된 함수의 근root입니다.

$$f(x) = \exp(x) - a \tag{2.1.8}$$

즉, 로그함수의 값을 구하려면 방정식 (2.1.8)의 해를 구해야 합니다. 이는 이분법bisection method을 사용하여 해결할 수 있습니다.

이분법은 단조 증가 함수 $f$의 근을 구하는 알고리즘으로써 아래와 같은 절차를 따릅니다.

1. 구간 $I$를 $[a, b]$라 하고 구간의 중간값 $c = (a + b)/2$를 구합니다.
2. $f(c)$의 부호를 확인합니다. 만약 $f(c) > 0$이면 구간 $I$를 $[a, c]$로, $f(c) < 0$이면 $[c, b]$로 바꿉니다. 만약 $f(c) = 0$이 되었다면 (실제로 이것이 일어날 가능성은 매우 적습니다.) $c$가 해입니다.
3. 과정 1-2를 $c$가 충분히 실제 함숫값에 가까워질 때까지 반복합니다.

이를 이용하여 로그함수를 구현해 봅시다.

코드 2.4

cal/log.go

```go
func LogByBisect(x float64) float64 {
    var a, b, c float64 = -10, 10, 0
```

```
5       f := func(t float64) float64 { return Exp(t) - x }
6       for !IsZero(b - a) {
7           c = (a + b) / 2
8           if f(c) > 0 {
9               b = c
10          } else if f(c) < 0 {
11              a = c
12          } else {
13              return c
14          }
15      }
16      return c
17  }
```

**코드 설명**

함수 `LogByBisect`는 실수 `x`에 대해 $\log(x)$의 값을 `n`번 이분(bisect)하여 구합니다.

**라인 4:** 이분할 구간의 상한 `a`와 하한 `b`, 그리고 중앙값 `c`를 선언합니다.

**라인 5:** 근을 구할 함수 (2.1.8)을 선언합니다. 함수의 내용이 짧은 경우 대괄호 `{`를 줄바꿈하지 않고 쓰는 것은 관례적으로 허용됩니다.

**라인 6:** 구간의 길이가 거의 0에 같을 때까지[a] 반복합니다.

**라인 7:** 구간의 중앙값을 구합니다.

**라인 8:** 만약 함숫값이 중앙값에서 0보다 크면 구간의 상한을 중앙값으로 바꿉니다. 이는 함수 (2.1.8)의 근이 구간을 반으로 나누었을 때 왼쪽에 위치하는 것을 말하기 때문입니다.

**라인 10:** 앞의 `f(c) > 0`가 거짓이고 새로운 조건 `f(c) < 0`이 참일 때 실행됩니다. `else if`는 앞서 확인한 조건이 모두 거짓이고 새로운 조건을 만족할 때 실행되도록 하는 구문입니다. 중앙값에서의 함숫값이 0보다 작으므로 함수의 근은 구간의 오른쪽에 위치합니다. 따라서 라인 11과 같이 구간의 하한을 중앙값으로 바꿉니다.

**라인 12:** 앞서 확인한 모든 조건이 거짓일 때 실행됩니다. 이 경우 $f(c) == 0$이 참이므로 더 이상 이분을 시행하지 않고 값을 반환합니다.[b]

[a]§1.2에서 정의한 함수 IsZero를 참고하세요.

[b]이는 float64 타입의 데이터가 기록할 수 있는 범위 안에서 두 수의 차이가 없다는 것을 말합니다. 따라서 이것이 실제로 일어날 확률은 거의 없지만, 코드의 완결성을 위해 적은 것입니다.

이를 예시함수로 확인해 봅시다.

**코드 2.5**

cal/log_example_test.go

```go
func ExampleLogBisect() {
    fmt.Printf("Log(2) ~ %v \t (Bisect)\n", LogByBisect(2))
    fmt.Printf("Log(2) ~ %v \t (math.Log)\n", math.Log(2))
    // Output:
    //     Log(2) ~ 0.6931471804592442     (Series)
    // Log(2) ~ 0.6931471805599453     (math.Log)
}
```

**$2^{\sqrt{2}}$의 값을 구해 봅시다.**

지수함수과 로그함수는 서로 역함수 관계에 있습니다. 따라서 두 함수를 합성composition하면 항상 항등 함수identity function가 됩니다.

$$\exp(\log x) = x, \quad \log(\exp x) = x$$

이 식을 조금 변형하면 이 절의 처음에 제기한 지수식exponential formula $2^{\sqrt{2}}$을 정의할 수 있습니다.

양의 실수 $a$를 밑base으로 갖는 지수식 $a^x$는 다음과 같이 정의됩니다.[a]

$$a^x = \exp(x \log a)$$

[a]이는 지수함수와 로그함수의 성질로 유도되는 것이 아니라 지수식의 정의입니다.

앞서 사용한 이분법은 미리 정해둔 구간 안에서의 로그함수의 값만을 구할 수 있습니다. 이를 개선하기 위해 로그함수를 계산하는 또 다른 방법을 살펴봅시다.

**로그함수는 아래의 등식을 만족합니다.**

$$\log(1+t) = t - \frac{t^2}{2} + \frac{t^3}{3} - \cdots, \quad |t| < 1 \tag{2.1.9}$$

이는 §**3.3**에서 다룰 테일러 급수를 이용하여 유도할 수 있습니다. 위 멱급수의 수렴 반경은 $R = 1$입니다. $t = 1$일 때는 급수 (1.4.3)이 되고 이는 수렴합니다. $t = -1$일 때는 급수 (1.4.4)가 되고 이는 발산합니다. 따라서 식 (2.1.9)는 구간 $(-1, 1]$에서만 성립합니다. 즉, 식 (2.1.9)로는 구간 $(0, 2]$에서의 로그함수의 값만을 구할 수 있습니다. 이 구간의 바깥에서 로그함수의 값을 구하려면 어떻게 해야 할까요? 이를 위해 다음의 로그함수의 성질을 사용해 봅시다.

코드 설명

두 양의 실수 $a, b$에 대해 다음 등식이 성립합니다.

$$\log(ab) = \log(a) + \log(b)$$
$$\log(a/b) = \log(a) - \log(b)$$

첫 번째 등식은 지수함수의 성질 (2.1.3)과 같습니다. $x = \log(a)$, $y = \log(b)$라 하면 $a = \exp(x)$, $b = \exp(y)$이므로 이를 식에 대입하면 아래의 등식을 얻습니다.

$$\log(ab) = \log(\exp(x)\exp(y)) = \log(\exp(x+y)) = x + y = \log(a) + \log(b)$$

두 번째 등식은 $\exp(-x)$가 $\exp(x)$의 역수임을 이용하여 보일 수 있습니다.

$$\exp(x)\exp(-x) = \exp(x + (-x)) = 1$$

이제 아래와 같이 $t$를 치환해 봅시다.

$$t = \frac{x-1}{x+1}$$

$x$를 $t$에 관한 식으로 정리하면 다음과 같습니다.

$$x = \frac{1+t}{1-t}$$

따라서 다음 등식이 성립합니다.

$$\log(x) = \log(1+t) - \log(1-t), \tag{2.1.10}$$

위 식의 우변에 등장하는 각 로그함수는 식 (2.1.9)로부터 계산가능합니다. 이제 식 (2.1.10)을 이용하여 일반적인 로그함수의 값을 구하는 함수를 구현해 봅시다.

코드 2.6

cal/log.go

```
func log(t float64) float64 {
    if t < -1 || t > 1 {
        panic("log: invalid input")
    }
    var s, p float64 = 1, t
    for i := 1; !IsZero(p); i++ {
        s += p
        p *= t * float64(i) / float64(i+1)
    }
    return s
}

func Log(x float64) float64 {
    if x < 0 || IsZero(x) {
        panic("log: invalid input")
```

```
34     }
35     t := (x - 1) / (x + 1)
36     return log(t) - log(-t)
37 }
```

**코드 설명**

함수 `log`와 `Log`는 각각 멱급수 (2.1.9)와 (2.1.10)을 이용하여 $\log(1+t)$와 $\log(x)$를 구합니다.

**라인 19:** `log`와 같이 소문자로 시작하는 이름의 함수를 비공개private 함수라 합니다. 이러한 함수는 그것이 정의된 패키지 안에서는 자유롭게 사용할 수 있습니다. (라인 36을 참고하세요.) 그러나 외부 패키지에서 이러한 함수를 임포트하여 사용할 수 없습니다. 이는 변수, 구조체의 이름에도 적용됩니다.

**수학 원리 2.1**

지수함수를 정의하는 극한 (2.1.1)의 존재를 증명해 봅시다. 첫 번째 조건인 단조 증가를 증명해 봅시다. $x$가 음수이면 인덱스 $n$이 $|x|$보다 커지기 전까지는 수열의 항은 부호가 번갈아가며 나타납니다. 그러나 이후에 등장하는 수열 $\left(1+\frac{x}{n}\right)^n$의 나머지 항은 항상 양수입니다. 수열의 수렴 여부는 나머지 항에 의해서만 결정되므로 모든 인덱스 $n$은 항상 다음 부등식을 만족한다고 가정합시다.

$$|x| < n$$

이제 보여야 할 것은 아래의 부등식입니다.

$$\left(1+\frac{x}{n}\right)^n \le \left(1+\frac{x}{n+1}\right)^{n+1}$$

이는 다음과 같이 정리됩니다.

$$\begin{aligned} 1 &\le \left(\frac{n(n+1+x)}{(n+1)(n+x)}\right)^n \frac{n+1+x}{n+1} \\ &= \left(1-\frac{x}{(n+x)(n+1)}\right)^n \frac{n+1+x}{n+1} \end{aligned} \tag{2.1.11}$$

여기서 $n$ 거듭 제곱된 항을 살펴봅시다.

$$\left|\frac{x}{(n+x)(n+1)}\right| < \frac{1}{n+1} < \frac{1}{n}$$

여기에 베르누이 부등식을 사용하면 다음과 같은 결과를 얻습니다.

$$(1-\frac{x}{(n+x)(n+1)})^n \geq 1-\frac{nx}{(n+x)(n+1)}$$

이를 부등식 (2.1.11)의 우변의 항에 대입하여 전개해 봅시다.

$$\begin{aligned}\left(1-\frac{nx}{(n+x)(n+1)}\right)^n \frac{n+1+x}{n+1} &\geq \left(1-\frac{nx}{(n+x)(n+1)}\right)\frac{n+1+x}{n+1}\\ &= \left(\frac{n^2+n+x}{(n+x)(n+1)}\right)\left(\frac{n+1+x}{n+1}\right)\\ &= \frac{(n+1)^2(n+x)+x^2}{(n+1)^2(n+x)} \geq 1\end{aligned}$$

부등식 (2.1.11)이 성립함을 알 수 있습니다.

다음으로 수열 (2.1.2)의 상계가 존재하는 것을 증명해 봅시다. 이항 전개 (1.3.7)을 이용하면 수열의 항을 아래와 같이 해석할 수 있습니다.

$$\begin{aligned}\left(1+\frac{x}{n}\right)^n &= 1+x+\frac{n(n-1)}{2!}\left(\frac{x}{n}\right)^2+\frac{n(n-1)(n-2)}{3!}\left(\frac{x}{n}\right)^3+\cdots+\left(\frac{x}{n}\right)^n\\ &= 1+x+\frac{n(n-1)}{n^2}\frac{x^2}{2!}+\frac{n(n-1)(n-2)}{n^3}\frac{x^3}{3!}+\cdots+\frac{n!}{n^n}\frac{x^n}{n!}\\ &\leq 1+x+\frac{x^2}{2!}+\frac{x^3}{3!}+\cdots+\frac{x^n}{n!}\end{aligned}$$

$n$이 무한히 커지면 부등식의 우변은 멱급수 (1.4.5)가 됩니다. §**1.3**에서 이 멱급수는 모든 실수 $x$에 대해 수렴하는 것을 보였습니다. 그 극한이 수열 (2.1.2)의 상계가 됩니다.[a]

[a]사실 상계 $\exp(x)$가 수열의 극한 $\exp(x)$와 같습니다.

## 2.2 기하학적 함수의 정의: 좌표cartesian coordinate와 삼각함수trigonometric function의 관계

실수를 직관적으로 이해하는 또 다른 방법은 직선 위의 한 점으로 생각하는 것입니다. 이러한 대응 관계는 일차원 공간의 한 점을 실수에 일대일 대응하는 것입니다. 그렇다면 이차원의 점을 어떻게 표현할까요?

> **이차원 공간의 점을 실수로 표현해 봅시다.**

이차원 공간의 한 점을 표현하려면 두 쌍의 실수가 필요합니다. 이렇게 표현된 점을 모아놓은 것을 좌표 평면Cartesian plane이라 합니다.

> 데카르트 좌표계Cartesian coordinate**는 이차원 공간의 한 점을 두 쌍의 실수 $(x, y)$로 표현하는 방법입니다.**

순서쌍 $(x, y)$를 좌표점coordinate point이라 하고, $x$와 $y$를 각각 좌표coordinate라 합니다. 이는 좌표 평면의 한 점의 위치를 수직한 두 축, $x$-축과 $y$-축으로부터 떨어진 위치를 표현한 것입니다.[4] 두 축이 교차하는 점을 원점origin이라 하고, 이 점의 좌표를 $(0, 0)$이라 합니다.

이차원 공간의 한 점을 또 다른 종류의 순서쌍으로 표현할 수도 있습니다. 한 점이 원점 $(0, 0)$으로부터 떨어진의 거리를 $r$이라 해 봅시다. 그리고 이 점과 원점을 잇는 선분이 양의 $x$축과 이루는 각을 $\theta$라 해 봅시다. 순서쌍 $(r, \theta)$는 이차원 점의 한 점을 결정합니다. 여기서 $r$은 중심이 원점이고 점 $(x, y)$를 지나는 원의 반지름와 같습니다.

$$r = \sqrt{x^2 + y^2}$$

그러면 원점을 지나는 선분이 이루는 각을 어떻게 정의할까요? 선분이 이루는 각을 정의하는데 선분의 길이는 영향을 주지 않습니다. 따라서 중심이 원점이고 반지름이 1인 원, 즉 단위원unit circle 위의 점을 기준으로 각을 측정하는 것이 편리합니다.

---

[4]각 축으로부터 점이 위치한 영역에 따라 위치값의 부호($+$ 또는 $-$)가 결정됩니다.

단위원의 원주의 길이는 $2\pi$ 입니다.[5] 여기서 $\pi$는 대략 아래와 같은 크기의 무리수입니다.

$$\pi = 3.14159265\cdots$$

이제 점 $(1, 0)$으로부터 단위원의 원주를 반시계 방향으로 1의 속도로 움직이는 점을 상상해 봅시다. 이는 점이 단위원을 한 바퀴 돌때까지 $2\pi$만큼의 시간이 걸리는 것을 말합니다. 이때 $t$만큼의 시간이 흐른 후에 위치한 점이 가리키는 각을 $t$ 라디안radian이라 합니다. 여기서 $t$가 음수이면 점이 시계 방향으로 움직인 것으로 간주합니다. 이렇게 이차원 점의 위치를 그것을 가리키는 벡터의 크기 $r$과 라디안 각 $\theta$의 순서쌍 $(r, \theta)$로 표현한 것을 극좌표계polar coordinate라 합니다. 데카르트 좌표계와 극좌표계는 서로 같은 이차원 공간의 점을 표현하는 방법입니다. 그러면 이 두 좌표계 사이를 어떻게 변환할 수 있을까요? 이를 위해 삼각함수trigonometric function가 필요합니다.

**삼각함수를 정의해 봅시다.**

극좌표 $(1, \theta)$로 표현된 점의 데카르트 좌표계의 좌표점을 $(x, y)$라 해 봅시다. 여기서 $r = 1$이므로 좌표점 $(x, y)$는 단위원 위의 한 점입니다. 이 때의 각 좌표를 코사인cosine 함수와 사인sine 함수라 합니다.

**코사인 함수과 사인 함수는 단위원 위의 한 점이 양의 $x$축과 이루는 라디안 각 $\theta$를 이룰 때의 $x$좌표와 $y$좌표를 가리키는 함수입니다.**

$$x = \cos\theta, \quad y = \sin\theta \tag{2.2.1}$$

만약 $\theta$가 0과 $\pi/2$사이에 있으면, 즉 좌표점 $(x, y)$의 각 좌표가 $x, y > 0$을 만족하면, $\cos\theta$와 $\sin\theta$를 빗면의 길이가 1인 직각삼각형 나머지 두 변의 길이로 생각할 수도 있습니다. 이러한 기하학적 의미는 $\pi/4$, $2\pi/3$과 같은 특별한 $\theta$의 값에서 코사인 함수와 사인 함수의 값을 구할 때 유용합니다. 이런 이유로 이 두 함수를 삼각함수라 합니다.[6] 식 (2.2.1)은 코사인

[5]이는 원주율pi의 정의와 같습니다.

[6]탄젠트 함수tangent function $\tan$와 같이 코사인 함수와 사인 함수와 간단한 조합으로 표현할 수 있는 함수 또한 포괄적 의미의 삼각함수라 합니다.

함수와 사인 함수가 모든 실수 $\theta$에 대해 정의되어 있음을 말합니다.

$$\cos : \mathbb{R} \to [-1, 1], \quad \sin : \mathbb{R} \to [-1, 1]$$

**삼각함수의 성질을 살펴봅시다.**

먼저 삼각함수의 값을 계산해 봅시다. $\pi/4$, $2\pi/3$와 같이 특수한 값이 아닌 $\theta$에서 삼각함수를 계산하는 것은 어려워 보입니다. 왜냐하면 삼각함수의 정의에는 그 값을 계산하는 식이 존재하지 않기 때문입니다. 그러나 삼각함수를 계산하는 아주 좋은 멱급수가 존재합니다.

**모든 실수 $x$에 대해 다음 등식이 성립합니다.**

$$\cos(x) = 1 - \frac{x^2}{2!} + \frac{x^4}{4!} - \frac{x^6}{6!} + \cdots = \sum_{n=0}^{\infty} \frac{(-1)^n x^{2n}}{(2n)!} \tag{2.2.2}$$

$$\sin(x) = x - \frac{x^3}{3!} + \frac{x^5}{5!} - \frac{x^7}{7!} + \cdots = \sum_{n=0}^{\infty} \frac{(-1)^n x^{2n+1}}{(2n+1)!} \tag{2.2.3}$$

이 멱급수의 수렴 중심은 $0$이고 수렴 반경은 $R = \infty$입니다. 수렴 반경이 무한대라는 것은 매우 강력한 것처럼 보이지만, 멱급수는 수렴중심에서 멀어질 수록 정확도가 떨어집니다. 원의 대칭성으로부터 삼각함수는 $2\pi$를 주기period로 그 값이 반복되는 주기함수periodic function라는 것을 알 수 있습니다.

$$\cos(x + 2\pi) = \cos(x), \quad \sin(x + 2\pi) = \sin(x)$$

따라서 멱급수식 (2.2.2)와 (2.2.3)은 아래의 구간에서만 계산해도 충분합니다.

$$[-\pi, \pi]$$

만약 주어진 $\theta$가 이 구간의 바깥에 있으면 아래를 만족하는 정수 $n$을 찾아 $2\pi$로 나눈 나머지 $x'$을 찾아야 합니다.

$$x = 2\pi n + x', \quad x' \in [-\pi, \pi] \tag{2.2.4}$$

이를 이용하여 코사인 함수와 사인 함수를 Go 함수로 구현해 봅시다.

코드 2.7

cal/trig.go

```go
package cal

const Pi = 3.14159265358979323846

func Mod2Pi(x float64) float64 {
    for x < -Pi {
        x += 2 * Pi
    }
    for x > Pi {
        x -= 2 * Pi
    }
    return x
}

func Cos(x float64) float64 {
    x = Mod2Pi(x)
    f, p := 0.0, 1.0
    for i := 0; !IsZero(p); i++ {
        f += p
        p *= -x * x / float64((2*i+1)*(2*i+2))
    }
    return f
}

func Sin(x float64) float64 {
    x = Mod2Pi(x)
```

```
27     f, p := 0.0, x
28     for i := 0; !IsZero(p); i++ {
29         f += p
30         p *= -x * x / float64((2*i+2)*(2*i+3))
31     }
32     return f
33 }
```

**코드 설명**

함수 Mod2Pi는 실수 x를 2Π의 정수배로 나누었을 때 식 (2.2.4)를 만족하는 나머지 $x'$를 계산합니다.

라인 6-8: x가 $-\pi$보다 커질때까지 $2\pi$를 더합니다.

라인 9-11: x가 $\pi$보다 작아질때까지 $2\pi$를 뺍니다.[a]

Cos과 Sin은 함수 Mod2Pi로 구한 나머지를 멱급수 (2.2.2)와 (2.2.3)에 대입하여 cos과 sin을 오차가 거의 0(§1.2을 참고하세요.)이 되도록 계산합니다.

라인 16: 변수 f, p를 각각 float64 타입의 값 1과 0으로 초기화합니다. 소숫점 기호 .가 들어간 숫자 표현은 자동적으로 float64 타입으로 간주됩니다.

[a]사실 두 개의 반복문이 모두 실행되는 경우는 없습니다.

멱급수 (2.2.2)와 (2.2.3)을 잘 살펴보면, 코사인 함수의 멱급수는 짝수 차수의 항으로만, 사인 함수의 멱급수는 홀수 차수의 항으로만 이루어져 있다는 것을 알 수 있습니다. 짝수 차수의 멱급수와 홀수 차수의 멱급수는 각각 아래의 성질을 만족합니다.

$$x^{2n} = (-x)^{2n}, \quad x^{2n+1} = -(-x)^{2n+1}$$

코사인 함수와 사인 함수도 이와 같은 성질을 만족합니다.

**모든 실수 $x, y$에 대해 다음 등식이 성립합니다.**

$$\cos(\theta) = \cos(-\theta)$$

$$\sin(\theta) = -\sin(-\theta)$$

이 두 가지 성질은 좌표점 $(x, y)$가 $(1, 0)$에서 시계 또는 반시계 방향으로 움직이는 모습을 쉽게 이해할 수 있습니다. $t$가 포함된 좌변은 반시계방향의 움직임을, $-t$가 포함된 우변은 시계방향의 움직임을 나타냅니다. 원의 위 아래가 서로 대칭symmetric이므로 이렇게 움직이는 점의 $x$좌표, 즉 코사인 함수의 값은 항상 같습니다. 또한 $y$좌표, 즉 사인 함수의 값도 대칭성에 의해 부호만 바뀔 뿐 그 크기가 같습니다.

또 다른 삼각함수의 성질을 살펴봅시다.[7]

**모든 실수 $x, y$에 대해 다음 등식이 성립합니다.**

$$\cos(x + y) = \cos(x)\cos(y) - \sin(x)\sin(y) \tag{2.2.5}$$

$$\sin(x + y) = \sin(x)\cos(y) + \cos(x)\sin(y) \tag{2.2.6}$$

이를 순수하게 기하학적 논증으로 증명하는 방법은 매우 다양하고 쉽게 찾을 수 있으므로 여기서는 생략하겠습니다. 식 (2.2.5)를 앞서 보인 코사인 함수과 사인 함수의 멱급수 (2.2.2)와 (2.2.3)을 이용하면 이를 유도할 수 있습니다.[8] (수학 원리 2.2를 참고하세요.)

**수학 원리 2.2**

식 (2.2.5)를 멱급수 (2.2.2)와 (2.2.3)으로부터 유도해 봅시다. 먼저 식 (2.2.5)의 좌변을 멱급수로

[7]이 성질은 §3에서 다룰 삼각함수의 미분을 계산하는데 필요합니다.

[8]이는 엄밀히 말해 증명이 아닙니다. 왜냐하면 멱급수 표현식 (2.2.2)와 (2.2.3)을 보이려면 삼각함수의 미분 공식이 필요한데, 이는 덧셈 성질 (2.2.5)와 (2.2.6)을 이용하기 때문입니다. 즉, 순환 논리일 뿐입니다.

치환해 봅시다.

$$\sum_{n=0}^{\infty}\frac{(-1)^n}{(2n)!}(x+y)^{2n} = \sum_{n=0}^{\infty}\frac{(-1)^n}{(2n)!}\sum_{k=0}^{2n}\frac{(2n)!}{k!(2n-k)!}x^k y^{2n-k}$$
$$= \sum_{n=0}^{\infty}(-1)^n\sum_{k=0}^{2n}\frac{x^k}{k!}\frac{y^{2n-k}}{(2n-k)!}$$

이번에는 우변을 멱급수로 치환해 봅시다.

$$\left(\sum_{n=0}^{\infty}\frac{(-1)^n}{(2n)!}x^{2n}\right)\left(\sum_{m=0}^{\infty}\frac{(-1)^m}{(2m)!}y^{2m}\right)$$
$$-\left(\sum_{n=0}^{\infty}\frac{(-1)^n}{(2n+1)!}x^{2n+1}\right)\left(\sum_{m=0}^{\infty}\frac{(-1)^m}{(2m+1)!}y^{2m+1}\right)$$
$$=\sum_{n=0}^{\infty}\sum_{m=0}^{n}\frac{(-1)^m(-1)^{n-m}}{(2m)!(2n-2m)!}x^{2m}y^{2n-2m}$$
$$-\sum_{n=0}^{\infty}\sum_{m=0}^{n}\frac{(-1)^m(-1)^{n-m}}{(2m+1)!(2n-2m+1)!}x^{2m+1}y^{2n-2m+1}$$
$$=1+\sum_{n=1}^{\infty}(-1)^n\sum_{m=0}^{n}\frac{x^{2m}}{(2m)!}\frac{y^{2n-2m}}{(2n-2m)!}$$
$$-\sum_{n=0}^{\infty}(-1)^n\sum_{m=0}^{n}\frac{x^{2m+1}}{(2m+1)!}\frac{y^{2n-2m+1}}{(2n-2m+1)!}$$
$$=1+\sum_{n=1}^{\infty}(-1)^n\sum_{m=0}^{n}\frac{x^{2m}}{(2m)!}\frac{y^{2n-2m}}{(2n-2m)!}$$
$$+\sum_{n=1}^{\infty}(-1)^n\sum_{m=0}^{n}\frac{x^{2m+1}}{(2m+1)!}\frac{y^{2n-2m-1}}{(2n-2m-1)!}$$
$$=1+\sum_{n=1}^{\infty}(-1)^n\sum_{k=0}^{2n}\frac{x^k}{k!}\frac{y^{2n-k}}{(2n-k)!}$$

이는 위에서 좌변을 정리한 것과 같습니다.

## 2.3 함수의 시각화: 그래프Graph 그리기

함수를 이해하는 방법은 다양합니다. 그 중에서 그래프Graph는 함수를 시각적으로 표현하는 가장 효과적인 방법입니다.

**함수의 그래프는 함수의 정의역의 값 $x$와 그것이 대응되는 값 $y$의 순서쌍 $(x, y)$를 좌표평면에 모아놓은 것입니다.**

그래프는 추상적인 점의 집합이므로 이를 시각화하기 위해서는 그것을 눈에 보이는 형태로 근사적으로 표현해야 합니다. 이에 가장 효과적인 수단은 이미지 파일입니다. 모니터의 화면이나 이미지와 같이 컴퓨터를 통해 출력되는 모든 그래픽 정보는 픽셀(pixel) 단위로 이루어져 있습니다. 예를 들어, 모니터의 해상도가 **1280 × 720**이라고 하는 것은 화면이 (물리적으로) **1280**개의 가로 픽셀과 **720**개의 세로 픽셀로 구분된 광원이 있다는 것입니다. 이는 모든 컴퓨터 그래픽은 항상 이산적 데이터로 저장되고 출력된다는 것을 의미하기도 합니다. 따라서 그래프를 컴퓨터 그래픽으로 출력하려면 픽셀단위의 이산적 데이터로 변환해야 합니다. 이를 위한 첫 단계는 각 좌표점을 픽셀 정보로 변환하는 것입니다.

좌표점을 시각화해 봅시다.

좌표점을 이미지에 출력하는 단계를 함수 `Pixel`, `Dot`, `Save`를 통해 네 단계로 구분해 봅시다. 각 기능을 수행하는 함수의 이름입니다.

- `Pixel` 함수는 좌표점을 픽셀 좌표로 변환합니다.
- `Dot` 함수는 주어진 픽셀 좌표에 정해진 색을 정보를 입력합니다.
- `Save` 함수는 입력된 색 정보를 이미지 파일로 출력합니다.

이를 아래와 같이 도시할 수 있습니다.

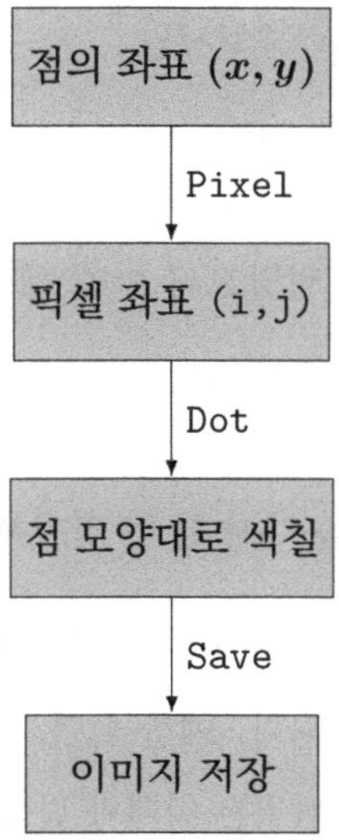


이 과정을 이해하기 위해 이미지 파일의 구조를 먼저 살펴봅시다. 이미지 파일의 픽셀은 가로 및 세로 방향 인덱스의 순서쌍으로 구분됩니다. 인덱스는 왼쪽 상단의 픽셀을 $(0, 0)$으로 증가합니다. 예를 들어, $600 \times 600$ (가로 및 세로의 픽셀이 각 600개씩 있는) 이미지 파일의 픽셀 인덱스는 다음과 같습니다.

| $(0,0)$ | $(1,0)$ | $(2,0)$ | $\cdots$ | $(599,0)$ |
|---|---|---|---|---|
| $(0,1)$ | $(1,1)$ | $(2,1)$ | $\cdots$ | $(599,1)$ |
| $(0,2)$ | $(1,2)$ | $(2,2)$ | $\cdots$ | $(500,2)$ |
| $\vdots$ | $\vdots$ | $\vdots$ | $\ddots$ | $\vdots$ |
| $(0,599)$ | $(1,599)$ | $(2,599)$ | $\cdots$ | $(599,599)$ |

이를 마치 균등한 높이와 너비를 가진 그물망이라 생각하고, $a \le x \le b$, $c \le y \le d$ 범위의 직사각형 이차원 영역을 완전히 덮는다고 가정해 봅시다. 그물망의 구멍이 가로로 $w$개, 세로로 $h$개 있다면 각 구멍의 너비 $\Delta w$와 높이 $\Delta h$는 다음과 같습니다.

$$\Delta w = \frac{b-a}{w}, \quad \Delta h = \frac{d-c}{h}$$

그물망에서 단 하나의 구멍을 통해서 좌표점이 보일 것입니다. 좌표점은 전체 그물망의 왼쪽과 위쪽 경계로부터 각각 $x - a$, $d - y$ 만큼 떨어져 있습니다. 좌표점이 보이는 구멍의 가로 및

세로 인덱스 $i, j$는 아래와 같이 구할 수 있습니다.[9]

$$i = \left\lfloor \frac{x - a}{\Delta w} \right\rfloor, \quad j = \left\lfloor \frac{d - y}{\Delta h} \right\rfloor \tag{2.3.1}$$

이제 좌표점이 보이는 구멍의 위치를 알았으니 이에 해당하는 픽셀을 원하는 색으로 칠하면 됩니다.

위 과정을 수행하기 필요한 데이터를 다시 한 번 정리해 봅시다.

- 이미지가 표현하는 직사각형 영역의 범위가 필요합니다. 이는 좌표 $x$와 $y$의 최솟값과 최댓값의 쌍으로 표현할 수 있습니다. 예를 들어, 순서쌍 $(a, b)$와 $(c, d)$가 각각 $x$와 $y$의 범위를 가리킨다면 좌표값의 범위는 아래와 같습니다.

$$a \le x \le b, \quad c \le y \le d$$

- 이미지 파일의 크기가 필요합니다. 이는 가로 및 세로 픽셀의 수 입니다.
- 이미지 파일의 각 픽셀에 칠해진 색의 정보를 저장할 데이터 구조가 필요합니다.

이 정보가 있으면 좌표점을 이미지로 출력하는 전 과정을 막힘없이 수행할 수 있습니다. 이 정보는 여러 개의 서로 다른 타입을 가진 데이터의 집합체입니다. 이러한 정보를 한번에 관리하기 위해 Go 언어에서는 구조체struct를 사용합니다. 이를 구현한 코드를 먼저 살펴 봅시다.

코드 2.8

cal/xy.go

```go
package cal

import (
    "image"
)

```

[9] ⌊⌋는 내림 연산자입니다. §**1.3**의 식 (1.3.10)에도 등장한 바 있습니다.

```
7 type XY struct {
8     W, H        int              // width, height of the image
9     Xlim, Ylim [2]float64        // x, y limits [min, max]
10    Image      *image.Paletted   // image pointer
11 }
```

**코드 설명**

구조체 XY는 총 네 개의 필드Field를 가지고 있습니다.[a]

**라인 7:** 구조체 XY를 선언합니다. 대문자로 시작하는 이름을 가진 구조체는 공개되고, 외부 패키지에서 임포트할 수 있습니다.

**라인 8:** W, H는 int 타입의 필드입니다. W는 이미지의 가로 픽셀 수를 H는 이미지의 세로 픽셀 수를 의미합니다.

**라인 9:** Xlim, Ylim은 [2]float64 타입의 필드입니다. 여기서 [2]float64는 두 개의 float64 타입의 값으로 이루어진 배열을 의미합니다. 배열의 첫 번째 값은 최솟값을, 두 번째 값은 최댓값을 의미합니다.

**라인 10:** Go 언어의 기본 패키지인 image는 이미지 파일의 입출력에 관련된 함수 및 구조체를 제공합니다. Image는 이 패키지의 *Paletted 타입으로 정의된 필드입니다. 여기서 *은 포인터pointer를 의미합니다. 포인터는 그 값이 저장된 실제 컴퓨터의 메모리 주소를 가리키므로 해당 변수 또는 필드가 호출된 위치에 관계없이 동일한 값을 기록, 변경, 참조할 수 있습니다.

[a] 필드의 값의 의미를 주석으로 명시하는 것이 좋습니다.

구조체 XY를 생성하는 함수 NewXY를 작성해 봅시다.

cal/xy_newxy.go **코드 2.9**

```
package cal

import (
```

```go
    "image"
    "image/color"
)

const Width, Height = 400, 400

var (
    White = color.White
    Black = color.Black
    Red   = color.RGBA{255, 0, 0, 255}
)

func NewXY() XY {
    return XY{
        W: Width,
        H: Height,
        Image: image.NewPaletted(
            image.Rect(0, 0, Width, Height),
            color.Palette{
                White,
                Black,
                Red,
            }),
    }
}
```

### 코드 설명

함수 NewXY는 구조체 XY의 필드를 기본값(default value)으로 초기화하고 반환하는 함수입니다.

라인 8: 생성할 이미지 파일의 가로 및 세로 픽셀의 수를 상수로 정의합니다. 앞으로 생성되는 모든 이미지 파일은 400 × 400 크기가 됩니다.

라인 10-14: 이미지 파일에 사용할 색을 정의합니다. 패키지 color에는 색을 정의하는 상수 및 구조체가 있습니다. 그 중에서 color.White와 color.Black은 각각 흰색과 검은색을 가리키는 상수입니다.[a] 구조체 color.RGBA는 삼원색인 빨강(R), 초록(G), 파랑(B)의 값으로 색을 지정하는 구조체입니다.[b] 여기서는 빨강을 가리키는 구조체 변수를 Red에 저장하였습니다.

라인 18-19: 필드 W와 H에 이미지의 가로 및 세로 픽셀 수를 저장합니다.

라인 20: image 패키지에 정의된 함수 NewPaletted를 이용하여 새로운 Paletted 타입을 생성합니다.[c] 함수 NewPaletted는 두 개의 입력을 받습니다. 첫 번째는 image 패키지에 정의된 구조체 Rectangle 타입[d]의 변수이고 두 번째는 color 패키지에 정의된 구조체 Palette 타입[e]의 변수입니다.

라인 21: image 패키지에 정의된 함수 Rect는 Rectangle 타입의 변수를 생성합니다.[f] 입력된 값 0, 0, 400, 400은 직사각형 이미지의 왼쪽 위 픽셀의 가로 및 세로 인덱스와 오른쪽 아래 픽셀의 가로 및 세로 인덱스를 가르킵니다. 여기서는 400 × 400 크기의 이미지를 생성합니다.

라인 22: color 패키지에 정의된 구조체 Palette는 이미지의 색을 관리하는 구조체입니다. 이 구조체는 사실 색을 가리키는 타입 Color의 슬라이스입니다.

라인 23-25: 앞서 정의한 흰색, 검은색, 빨간색을 슬라이스(Palette 타입)의 요소로 저장합니다.

[a] https://pkg.go.dev/image/color#pkg-variables
[b] https://pkg.go.dev/image/color#RGBA
[c] https://pkg.go.dev/image#NewPaletted
[d] https://pkg.go.dev/image#Rectangle
[e] https://pkg.go.dev/image/color#Palette
[f] https://pkg.go.dev/image#Rect

이제 Pixel, Dot, Save 함수를 구현해 봅시다. 이 함수는 모두 구조체 XY에 저장된 정보만으로 충분히 구현할 수 있습니다. 따라서 이 함수를 독립된 함수로 정의하는 것 보다 메소드method로 정의하는 것이 편리합니다. 메소드는 구조체가 호출하는 함수의 일종입니다. 실제로 메소드 Pixel이 구현된 형태를 보면서 설명하겠습니다.

코드 2.10

cal/xy_pixel.go

```
1  package cal
2
3  func (xy XY) Pixel(x, y float64) (int, int) {
4      a, b := xy.Xlim[0], xy.Xlim[1]
5      c, d := xy.Ylim[0], xy.Ylim[1]
6      dw := (b - a) / float64(xy.W)
7      dh := (d - c) / float64(xy.H)
8      i := int((x - a) / dw)
9      j := int((d - y) / dh)
10     return i, j
11 }
```

**코드 설명**

Pixel은 XY 구조체의 메소드로서 좌표값 x, y를 입력받아 이를 이미지에 표시할 픽셀의 좌표 i, j를 계산합니다.

**라인 3:** 구조체 XY의 메소드 Pixel을 선언합니다. 구조체는 데이터의 타입을 정의할 뿐, 실제 데이터를 가리키는 것은 아닙니다. xy는 Pixel을 실제로 호출한 XY 타입의 변수를 가리킵니다. 이 변수의 필드 정보에 접근하려면 라인 17-20과 같이 이름 뒤에 점(.)으로 구분하여 사용합니다.

**라인 4-5:** 이미지로 표현하려는 직사각형 영역 $[a,b] \times [c,d]$의 최대, 최소를 XY 구조체의 필드 Xlim, Ylim으로부터 읽어옵니다.

**라인 8-9:** 식 (2.3.1)에 따라 픽셀 좌표를 계산합니다.

**라인 10:** 두 개 이상의 값을 반환할 때 콤마(,)로 구분하여 내보냅니다.

다음으로 메소드 Point을 구현해 봅시다.

코드 2.11

cal/xy_point.go

```
1  package cal
2
3  func (xy XY) Point(x, y float64) {
4      i0, j0 := xy.Pixel(x, y)
5      for i := -2; i <= 2; i++ {
6          for j := -1; j <= 1; j++ {
7              xy.Image.Set(i0+i, j0+j, Red)
8              xy.Image.Set(i0+j, j0+i, Red)
9          }
10     }
11 }
```

**코드 설명**

함수 Point는 좌표값 x, y에 대응되는 픽셀 주변을 검은색(color.Black)으로 칠하는 함수입니다.

**라인 3:** 메소드 Point는 출력값이 없습니다. 대신 XY 구조체의 필드 Image에 어떤 작업을 수행합니다.

**라인 4:** 메소드 Pixel을 이용하여 주어진 좌표를 픽셀 좌표로 변환합니다.

**라인 5-6:** 중심 픽셀 주변으로 중심으로 $5 \times 3$, $3 \times 5$ 크기의 직사각형 모양의 픽셀이 십자모양으로 겹쳐 그립니다. 이렇게 하면 [그림 2.1] 처럼 동그란 형태의 점이 그려집니다.

그림 2.1: 이미지에 표시된 좌표점의 모양

**라인 7-8:** 함수 Set은 구조체 Paletted에 정의된 메소드 입니다. 여기서는 해당 픽셀을 빨간색 Red로 색칠합니다. Image 필드는 Palette의 포인터이므로 색칠한 정보는 함수 Point가 종료되어도 메모리에 남아있습니다. (이것이 포인터를 쓰는 이유입니다.)

마지막으로 Save 함수를 구현해 봅시다.

코드 2.12

cal/xy_.go

```
package cal

import (
    "image/png"
    "os"
)

func (xy XY) Save() {
    fp, _ := os.Create("image.png")
    defer fp.Close()
    png.Encode(fp, xy.Image)
}
```

**코드 설명**

메소드 Save는 이를 호출한 XY 타입의 구조체 xy의 필드인 Image에 저장된 이미지 정보를 파일로 출력합니다.

라인 9: os 패키지(파일 입출력에 관한 기본 패키지)의 함수 Create를 이용하여 image.png라는 이름의 파일을 생성합니다. 이미지는 각 픽셀의 색 정보를 모아놓은 것일 뿐이므로 이 데이터를 관리하는 방식에 따라 이미지 파일의 종류는 다양합니다. 그 중에서 여기서는 PNG(Portable Network Graphics) 파일 형식으로 이미지를 출력합니다. 파일을 생성하려면 먼저 메모리에 파일이 시작하는 위치, 즉 파일 포인터를 생성해야 합니다.

라인 10: defer을 이용해서 현재 함수(Save)가 종료되기 직전에 앞에서 열어놓은 파일 포인터 fp를 닫습니다. Close()는 파일이 더 이상 기록되지 않도록 파일 포인터를 닫는 역할을 합니다.

라인 11: image 패키지의 하위[a] 패키지인 image/png의 Encode 함수를 이용하여 xy.Image 저장된 이미지 정보를 파일 포인터 fp에 기록합니다.

[a]패키지 image와 png는 독립된 패키지입니다. 하위 패키지라는 것은 배포 및 관리를 위한 구분입니다.

### 함수의 그래프를 좌표점으로 표현해 봅시다.

가장 간단한 예시로 지수함수 exp의 그래프를 그려봅시다. 오른쪽 그림과 같이 $-1 \leq x \leq 1$의 구간 사이에 균등하게 위치한 11개의 $x$ 좌표에서 계산한 함수의 값을 좌표점으로 표현해 봅시다.

$$(-1, \exp(-1)), (-0.8, \exp(-0.8)), \ldots, (0.8, \exp(0.8)), (1, \exp(1))$$

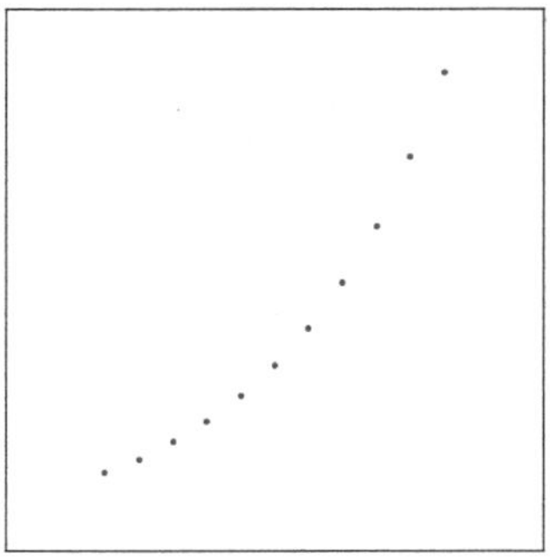

그림 2.2: 지수함수의 점그래프

Go 언어의 테스트 함수test function를 이용하면 문자열의 출력을 이외의 방법으로 함수의 동작을 확인할 수 있습니다. 테스트 함수는 예시 함수와 달리 _test.go로 끝나는 테스트 파일testing file에 저장되고, Test로 시작하는 이름을 가집니다. 아래와 같이 xy_test.go 파일을 생성하고, TestXY 함수를 정의해 봅시다.

코드 2.13

cal/xy_test.go

```
package cal_test

import (
    "recal/cal"
    "testing"
)

func Linspace(x0, x1 float64, n int) []float64 {
    var arr []float64
    for i := 0; i <= n; i++ {
        x := x0 + float64(i)*(x1-x0)/float64(n)
        arr = append(arr, x)
    }
    return arr
```

```
15 }
16
17 func TestXY(*testing.T) {
18     xy := cal.NewXY()
19     xy.Xlim = [2]float64{-1.5, 1.5}
20     xy.Ylim = [2]float64{0.0, 3.0}
21     xarr := Linspace(-1.0, 1.0, 10)
22     for _, x := range xarr {
23         xy.Point(x, cal.Exp(x))
24     }
```

**코드 설명**

함수 Linspace는 x0에서 x1까지의 구간을 n개로 균등하게 분할하는 n+1개의 실숫값의 슬라이스를 반환합니다.

라인 8: Linspace는 테스트를 위한 패키지 cal_test에 정의된 함수입니다. 테스트 패키지는 오직 함수의 동작을 테스트하기 위한 것이므로 외부에서 임포트할 수 없습니다.

테스트 함수 TestXY는 구조체 XY의 동작을 테스트합니다.

라인 17: 테스트함수는 testing 패키지의 구조체 T를 타입으로 갖는 입력값을 갖습니다. 이는 테스트 결과의 비교와 출력에 사용됩니다. 여기서는 이미지 파일의 출력만을 확인하므로 입력값을 할당받는 변수를 선언하지 않았습니다.

테스트 함수를 실행하는 방법은 예시 함수를 실행하는 방법과 동일합니다. cal/ 폴더로 이동 후, 터미널에 아래의 명령어를 입력합니다.

```
> go test -v -run TestDot
```

이번에는 cal/ 폴더에 image.png 파일이 생성된 것을 확인할 수 있고, 이미지가 [그림 2.2]와 같이 나타나는 것을 확인합니다.

이와 같이 몇 개의 좌표점으로 그래프를 표현하는 것은 한계가 있습니다. 함수의 값이 연속적으로 변하는 모양을 표현하기 위해 선분을 이용하여 그래프를 그려봅시다.

## 함수의 그래프를 이미지로 표현해 봅시다.

함수의 그래프를 그리는 단계를 아래와 같이 세 단계로 분해해 보겠습니다.

1. 첫 번째 단계는 그래프를 그리고자 하는 함수를 정의하는 것입니다. 함수는 정의역 구간과 대응 규칙으로 이루어집니다. 정의역 구간은 시작값과 끝값으로 이루어진 배열 `[2]float64`로, 대응 규칙은 `func(float64)float64` 타입의 함수로 정의할 수 있습니다. 따라서 함수를 이 두 개의 필드를 가진 구조체 `Function`으로 정의할 수 있습니다.

2. 두 번째 단계는 함수의 그래프를 선 `Line`을 모아놓은 것으로 정의합니다. $y = f(x)$ 형태의 함수의 그래프는 이차 평면 위의 곡선의 모양을 갖습니다. 이를 일일이 점으로 표현하는 것 보다 선분으로 근사적으로 표현하는 것이 훨씬 효율적입니다. 만약 특별히 표현하고자 하는 점이나 곡선 위에 있지 않은 점을 그래프의 일부로 표현하고자 한다면 이를 따로 점 `Point`로 정의합니다. 따라서 그래프는 점과 선의 정보를 모아놓은 구조체 `Graph`로 정의할 수 있습니다.

3. 마지막으로 그래프를 이미지로 표현합니다. 이를 위해 앞서 정의한 `XY` 구조체를 이용합니다. 점을 그릴 때는 메소드 `Point`를 선을 그릴 때는 뒤에서 정의할 메소드 `Line`을 이용합니다.

위 과정을 도시하면 아래와 같습니다.

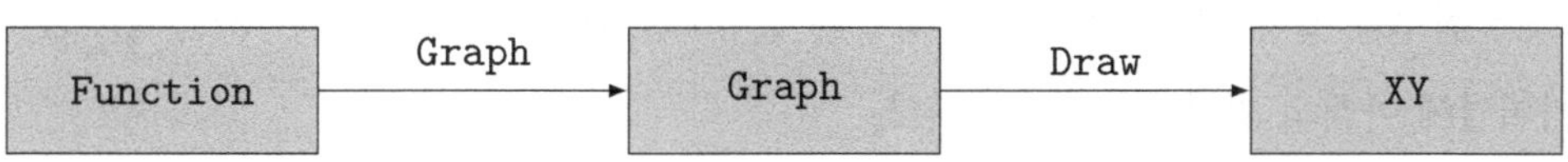


네모 박스는 앞서 열거한 구조체를, 화살표는 구조체 간의 변환을 실행하는 메소드를 가리킵니다. 이러한 구조체와 메소드를 순서대로 구현해 봅시다.

먼저 함수를 가리키는 구조체 Function을 구현해 봅시다.

코드 2.14

cal/function.go

```go
1 package cal
2
3 type Function struct {
4     Interval [2]float64
5     Formula  func(float64) float64
6 }
```

**코드 설명**

구조체 **Function**은 [2]float64 타입의 필드 **Interval**과 func(float64)float64 타입의 필드 **Formula**를 갖습니다.

**라인 4:** 필드 **Interval**에 저장된 두 개의 실숫값은 순서대로 구간의 시작값과 끝값을 가리킵니다.

**라인 5:** 필드 **Formula**는 float64 타입의 입력값을 받아 float64 타입의 출력값을 반환하는 함수입니다.

다음으로 점, 선, 그리고 그래프의 구조체를 정의해봅시다.

코드 2.15

cal/graph.go

```go
package cal

type Point struct {
    X, Y float64
}

type Line struct {
```

```
8       From, To Point
9   }
10
11  type Graph struct {
12      Points  []Point
13      Lines   []Line
14  }
```

**코드 설명**

구조체 Point와 Line은 각각 좌표점과 선분을 나타내는 타입입니다.

라인 4: 구조체 Point는 float64 타입의 필드 X, Y를 갖습니다. 이는 각각 좌표점의 $x$와 $y$값을 나타냅니다.

라인 8: 구조체 Line은 Point 타입의 필드 From, To를 갖습니다. 이는 각각 선분의 시작점과 끝점을 나타냅니다.

구조체 Graph는 두 개의 필드 Points와 Lines를 갖습니다.

라인 12: 필드 Points는 Point의 슬라이스입니다.

라인 13: 필드 Lines는 Line의 슬라이스입니다.

이제 구조체 Function의 메소드 Graph를 구현해 봅시다.

**코드 2.16**

cal/function_graph.go

```
package cal

const Nsub = 100

func (fn Function) Graph() Graph {
    a, b := fn.Interval[0], fn.Interval[1]
```

```
7      xarr := Linspace(a, b, Nsub)
8      var graph Graph
9      for i := 0; i < Nsub; i++ {
10        x0, x1 := xarr[i], xarr[i+1]
11        y0, y1 := fn.Formula(x0), fn.Formula(x1)
12        graph.Lines = append(graph.Lines, Line{
13           From: Point{X: x0, Y: y0},
14           To:   Point{X: x1, Y: y1},
15        })
16     }
17     return graph
18  }
```

**코드 설명**

메소드 Graph는 구조체 Function에 정의된 함수의 정보를 이용하여 함수의 그래프를 가리키는 구조체 Graph를 생성합니다.

라인 3: 분할의 개수를 가리키는 상수 Nsub을 정의합니다. 일반적으로 100개의 분할은 대부분의 그래프를 부드럽게 표현하기에 충분한 개수입니다.

라인 7: 함수 Linspace를 이용하여 구간 $a \leq x \leq b$를 Nsub개로 분할하는 실숫값의 슬라이스를 생성합니다.

라인 8: 구조체 Graph 타입의 새 변수 graph를 선언합니다. 이렇게 선언된 변수의 모든 필드의 값은 기본값으로 초기화됩니다. 즉, cb.Points와 cb.Lines는 빈 슬라이스 변수로 초기화됩니다.

라인 10-11: 분할된 각 구간의 양 끝점 x0, x1에서의 함숫값 y0, y1을 계산합니다.

라인 12-14: 위의 값으로 두 개의 Point 타입의 변수를 생성하고 이를 양 끝점으로 갖는 Line 타입을 생성한 다음 이를 다시 구조체의 Lines 필드에 추가합니다.

다음으로 구조체 XY의 Draw 메소드를 구현해 봅시다. 이는 그래프를 좌표 평면에 그리는 함수로서 그리고자 하는 Graph 타입의 변수에 담긴 그래프의 정보와 이를 그리고자 하는 좌표 평면의 정보가 담긴 구조체 XY 타입의 변수가 모두 필요합니다.

코드 2.17

cal/xy_draw.go

```
1  package cal
2
3  func (xy XY) Draw(g Graph) {
4      for _, p := range g.Points {
5          xy.Point(p.X, p.Y)
6      }
7      for _, l := range g.Lines {
8          xy.Line(l.From, l.To)
9      }
10 }
```

**코드 설명**

메소드 Draw는 구조체 Graph의 정보를 이용하여 XY 구조체에 그래프를 그립니다.

**라인 4-6:** 그래프 g의 필드 Points에 담긴 모든 좌표점을 XY 구조체의 메소드 Dot을 이용하여 좌표 평면에 표시합니다.

**라인 7-9:** 그래프 g의 필드 Lines에 담긴 모든 선분을 XY 구조체의 메소드 Line을 이용하여 좌표 평면에 표시합니다.

여기서 Line은 XY의 메소드로서 두 점을 잇는 선분을 그리는 함수입니다. 선분을 그리는 것은 선분처럼 보이도록 연속된 픽셀을 일정한 색으로 칠하는 것입니다. 이 방법을 $7 \times 5$ 크기의 이미지 파일을 예로 살펴봅시다. 선분의 양 끝점의 위치가 이미지의 두 픽셀 좌표 $(0,0)$과 $(6,4)$라고 해 봅시다. 이를 잇는 선분을 아래의 절차대로 그려봅시다.

1. 먼저 가로와 세로 길이 중에서 긴 것을 선택합니다. 여기서 가로(7픽셀)가 세로(5픽셀)보다 더 깁니다.

2. 다음으로 좌표평면의 두 점 $(0, 0)$과 $(7, 5)$를 잇는 가상의 선분을 생각합니다. ([그림 2.3]의 빨간색 선분입니다.) 이 선분의 기울기slope는 $5/7$입니다. 다시 말해 $x$값이 $1$ 증가할 때마다 $y$값은 $5/7$만큼 증가합니다. 이제 가로 픽셀의 인덱스인 $0, 1, 2, \ldots, 6$에서 $y$값을 계산하고, 이를 버림round down하여 정수로 변환합니다.

$$(0, 0), (1, 0), (2, 1), (3, 2), (4, 2), (5, 3), (6, 4)$$

3. 위의 픽셀 좌표에 검은색을 칠합니다.

[그림 2.3]은 하나의 픽셀에 색을 채운 것입니다. 이렇게 점을 하나의 픽셀로 표현하면 선분이 연결된 느낌이 잘 전달되지 않을 수도 있습니다. 이를 해결하기 위해 [그림 2.4]와 같이 + 모양으로 색을 더 칠하면 더욱 연결된 것처럼 보입니다. 이 방법으로 XY의 메소드 Line을 구현해 봅시다.

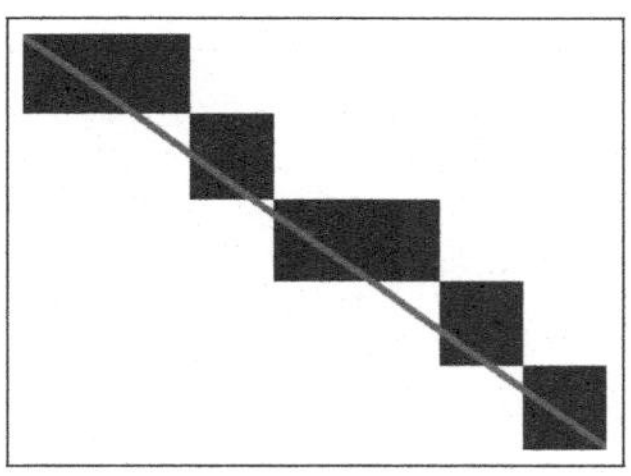

그림 2.3: 하나의 픽셀로 표현한 선분

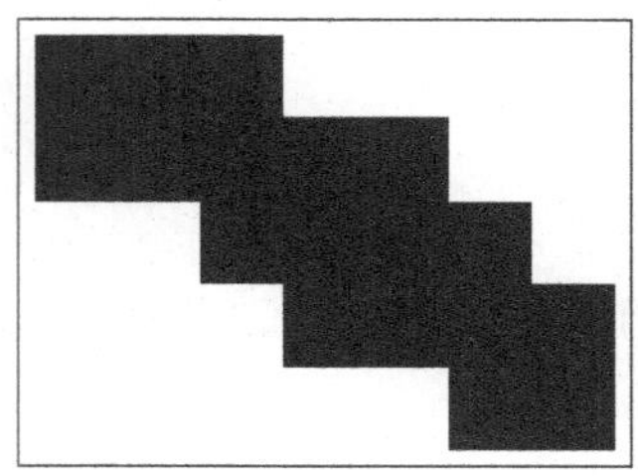

그림 2.4: 두껍게 표현한 선분의 모양

cal/xy_line.go

코드 2.18

```
package cal

func (xy XY) Line(p, q Point) {
    i0, j0 := xy.Pixel(p.X, p.Y)
    i1, j1 := xy.Pixel(q.X, q.Y)
    n := Max(Abs(i0-i1), Abs(j0-j1))
    is := Linspace(i0, i1, n)
    js := Linspace(j0, j1, n)
```

```
    for k := 0; k <= n; k++ {
        i2, j2 := is[k], js[k]
        for i := -1; i <= 1; i++ {
            xy.Image.Set(i2+i, j2, Black)
            xy.Image.Set(i2, j2+i, Black)
        }
    }
}

func Max[T float64 | int](n, m T) T {
    if n < m {
        return m
    }
    return n
}

func Abs[T float64 | int](n T) T {
    if n < 0 {
        return -n
    }
    return n
}

func Linspace[T float64 | int](a, b T, n int) []T {
    af, bf := float64(a), float64(b)
    h := (bf - af) / float64(n)
    var arr []T
```

```
36      for i := 0; i <= n; i++ {
37          arr = append(arr, T(af+float64(i)*h))
38      }
39      return arr
40  }
```

**코드 설명**

메소드 Line은 XY 타입의 구조체의 정보를 이용하여 Point 타입으로 입력된 두 점을 잇는 선분을 픽셀로 그립니다.

**라인 4-5:** 양 끝점의 픽셀 좌표를 구합니다.

**라인 6:** 은 선분을 나타내기 위해 필요한 최소 픽셀의 개수를 구합니다. `Abs`는 두 인덱스 값의 차이의 절댓값absolute value을 `Max`는 두 개의 수 중에서 더 큰 값을 반환합니다.

**라인 7-8:** 함수 `Linspace`를 이용하여 두 인덱스 값 사이를 $n$개로 분할합니다. 여기서 `i0`, `i1`, `j0`, `j1`은 정수형 `int` 타입입니다. 앞서 `XY` 구조체의 테스트를 위해 정의한 `Linspace`는 두 실수 사이의 구간을 균등 분할하는 함수로서 `[]float64`의 슬라이스를 반환합니다. 여기서는 두 정수형 `int` 사이의 구간을 균등 분할하는 `[]int` 타입의 슬라이스를 반환합니다. 그러나 정수의 배열로 구간을 균등하게 분할하는 것은 대부분 불가능합니다. 대신 이러한 정수형 슬라이스는 구간을 최대한 균등하게 분할합니다. 이는 실수의 균등 분할을 생성하는 `Linspace` 함수의 동작과 거의 유사합니다.

**라인 12-13:** 은 $n+1$개의 픽셀에 점을 십자 모양으로 표시합니다.

함수 `Max`는 두 개의 `int` 또는 `float64` 타입의 값을 비교하여 더 큰 값을 반환하는 함수입니다. 함수 `Abs`는 `int` 또는 `float64` 타입의 값을 받아 그것의 절댓값을 반환하는 함수입니다.

**라인 18:** 입력값과 출력값의 타입을 선언하는 자리에 `T`라는 타입 파라미터type parameter를 사용하였습니다. 그리고 이 파라미터는 `float64` 또는 `int` 타입이 될 수 있다고 선언하였습니다. 이는 실제로 입력된 변수의 값이 무슨 타입이냐에 따라 파라미터 `T`의 타입이 결정되도록 합니다.[a] 예를 들어, `Max`를 호출할 때 입력값 중 `n`, `m`에 해당되는 위치에 `float64` 타입의 값이 들어가 있으면 파라미터 `T`는 `float64`가 됩니다.

함수 Linspace는 int 또는 float64 타입의 두 입력값을 양 끝점으로 갖는 구간을 n개로 거의 균등하게 분할하는 값의 슬라이스를 반환합니다.

라인 32: 여기서 타입 파라미터를 사용하는 이유는 §4에서 같은 동작의 함수를 실숫값에 대해서도 적용하기 위함입니다.[b] 여기서는 int 타입의 픽셀 좌표를 거의 균등하게 나눈 분할이 필요합니다. 이에 따라 반환되는 타입도 []int가 되어야 합니다.

라인 102: 슬라이스에 요소를 추가할 때 추가하려는 값의 타입을 강제로 T로 변환합니다.

[a]이렇게 타입 파라미터를 사용하는 이유는 똑같은 함수를 여러 타입에 대해 작동하도록 할 수 있기 때문입니다.

[b]앞서 코드 2.13에서 정의한 함수 Linspace에서 이미 실수의 균등 분할equal-length partition을 이용하였습니다.

이제 지수함수의 그래프를 구간 $-1 \le x \le 1$에서 그려봅시다. 이미지에 표시할 좌표 평면의 영역은 아래와 같이 정의하겠습니다.

$$-1.1 \le x \le 1.1, \quad 0 \le x \le 3$$

함수의 정의역 구간보다 좌표 평면의 구간을 조금 더 크게 잡는 이유는 이미지의 여백을 위한 것입니다.

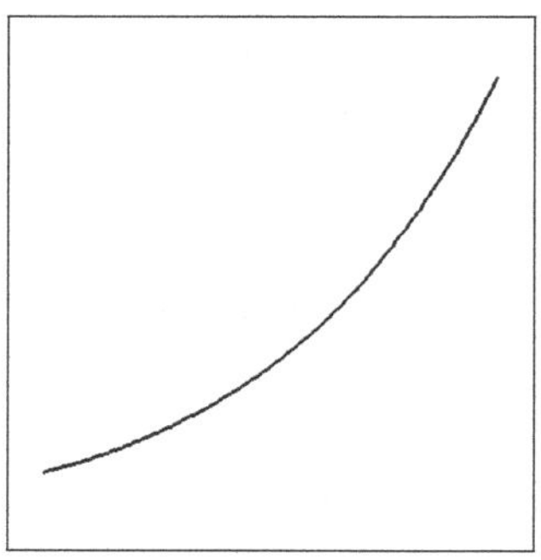

그림 2.5: 지수함수의 그래프

cal/function_graph_test.go

코드 2.19

```go
package cal_test

```

```
 3 import (
 4     "recal/cal"
 5     "testing"
 6 )
 7 
 8 func TestFunction_Graph(t *testing.T) {
 9     f := cal.Function{
10         Interval: [2]float64{-1., 1.},
11         Formula:  cal.Exp,
12     }
13     g := f.Graph()
14     xy := cal.NewXY()
15     xy.Xlim = [2]float64{-1.1, 1.1}
16     xy.Ylim = [2]float64{0., 3.}
17     xy.Draw(g)
18     xy.Save()
19 }
```

**코드 설명**

테스트 함수 TestFunction_Graph는 Function 타입의 구조체의 메소드 Graph의 동작을 테스트합니다. 밑줄 _은 구조체에 딸린 메소드를 가리키는 관례적 표현입니다.

라인 9: 구조체 Function 타입의 변수를 정의합니다.

라인 11: §2.1에서 정의한 함수 Exp를 공식에 대입합니다.

라인 14: 좌표 평면을 가리키는 변수 xy를 구조체 XY 타입으로 생성합니다.

라인 15-16: 변수 xy에 저장된 필드 Xlim, Ylim의 값을 바꿉니다.

라인 17: 변수 g에 담긴 그래프의 정보를 좌표 평면에 그립니다.

라인 18: 이미지 파일로 저장합니다.

# 제 3 장
# 미분 differential 의 의미

인터넷으로 미분을 의미하는 영어 differential을 키워드로 검색하면 자동차의 부품 중 하나인 디퍼렌셜이 가장 많이 검색됩니다. 이는 자동차가 회전할 때 양쪽 바퀴의 회전수를 다르게 하여 자동차가 안정적으로 회전할 수 있도록 해주는 매우 중요한 장치입니다. 이 장치의 핵심 원리는 모터의 회전 속도를 바퀴의 회전 속도로 바꾸는 것입니다.

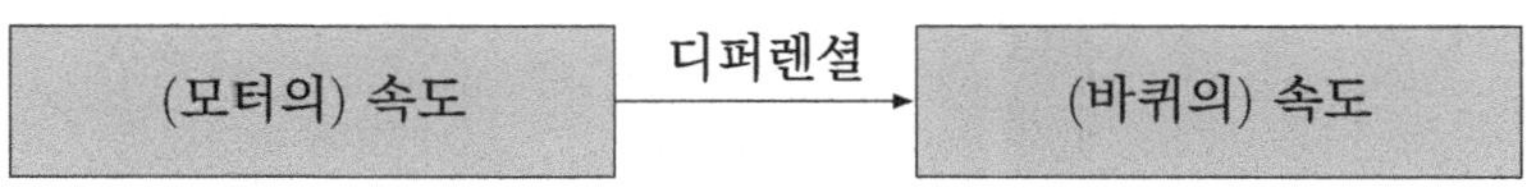


수학의 미분 (또는 미분계수)이 자동차의 디퍼렌셜과 같은 영어 명칭을 갖는 것은 우연이 아닙니다. 입력 변수 $x$의 속도를 출력 변수 $y$의 속도로 변환한다는 의미에서 수학의 미분은 자동차의 디퍼렌셜과 같은 역할을 합니다.

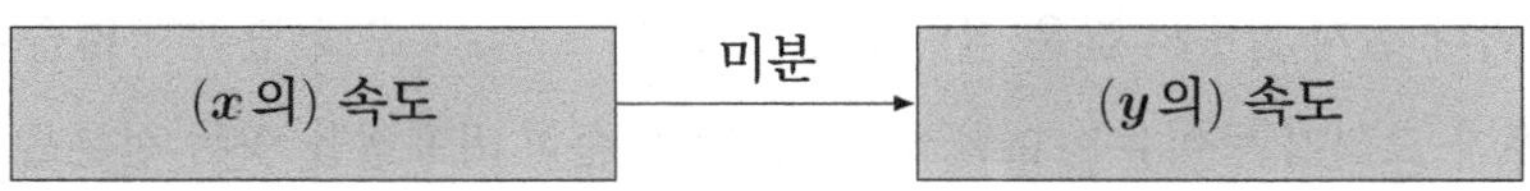


이 단원에서는 이러한 미분의 개념과 응용에 대해 알아보겠습니다.

## 3.1 끊임없이 이어지는 것: 연속continuouity의 의미

구간 $-1 \le x \le 1$에서 정의된 아래의 함수를 살펴봅시다.

$$f(x) = \begin{cases} 1 & x > -1 \\ 0 & x = 0 \\ -1 & x < 1 \end{cases} \tag{3.1.1}$$

이 함수의 값은 $x = 0$ 근방에서 $-1$에서 $1$로 점프합니다. 이러한 함숫값의 변화를 불연속discontinuous이라고 합니다. [그림 3.1]은 앞 절 §**2.3**에서 구현한 Go 함수를 이용하여 함수 (3.1.1)의 그린 그래프의 이미지입니다.

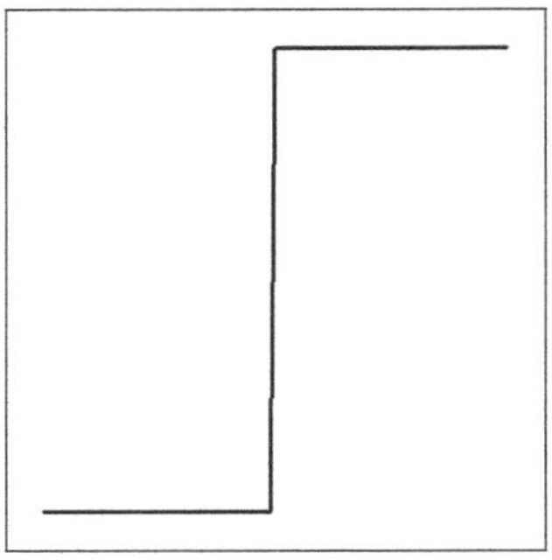

그림 3.1: 함수 (3.1.1)의 잘못된 그래프

그림에서는 $x = 0$ 근방에서 함수의 그래프가 가파른 기울기로 이어진 것처럼 표현되어 있습니다. 그러나 실제 함수의 값은 이렇게 연속적continuousely으로 변하지 않습니다. 이러한 잘못된 그래프가 그려지는 이유는 `Graph` 메소드가 단순히 좌표점을 잇는 선분을 만들기 때문입니다.

**함수의 불연속이 나타나도록 그래프를 그려봅시다.**

함숫값이 연속적이고 변하지 않는 점을 불연속점discontinuous point이라고 합니다. 만약 불연속점이 어디인지 알고 있다면 이를 기준으로 정의역 구간을 분할하여 함수의 그래프를 두 번 그려서 불연속을 표현할 수 있습니다. 예를 들어, 함수 (3.1.1)은 아래와 같이 두 개의 함수로 표현할 수 있습니다.

$$f_1(x) = -1, \quad -1 \leq x < 0$$
$$f_1(x) = 1, \quad 0 < x \leq 1$$

그림 3.2: 함수 (3.1.1)의 올바른 그래프

만약 아래와 같이 단 한 점에서만 함숫값이 다르면 [그림 3.3]과 같이 벗어난 점을 따로 표시할 수도 있습니다.

$$f(x) = \begin{cases} 0 & x \neq 0 \\ 1 & x = 0 \end{cases} \tag{3.1.2}$$

그림 3.3: 함수 (3.1.2)의 그래프

위와 같이 불연속 함수의 그래프를 그리는 방법은 불연속점의 위치가 수식으로 주어진 경우에만 가능합니다. 식이 주어지지 않은 함수의 불연속을 그래프만으로 어떻게 확인할 수 있을까요?

예를 들어, $-1 \leq x \leq 1$ 위에 다음과 같은 조건의 함수 $f(x)$를 생각해 봅시다.

- 실수 $x$를 입력하면 함숫값 $f(x)$를 알 수 있지만 이 대응규칙을 수식으로 표현할 수는 없습니다.
- 구간 $-1 \leq x \leq 1$ 내에 불연속점이 하나 존재합니다. 이 점을 기준으로 함숫값이 점프합니다. (함수 (3.1.1)과 비슷한 경우라 할 수 있습니다.)

이제 이 함수의 그래프를 그려 불연속점의 위치를 파악한다고 가정해 봅시다. 구간 $[-1, 1]$을 세 개로 분할하여 [그림 3.4]와 같은 그래프를 얻었다고 가정하겠습니다.

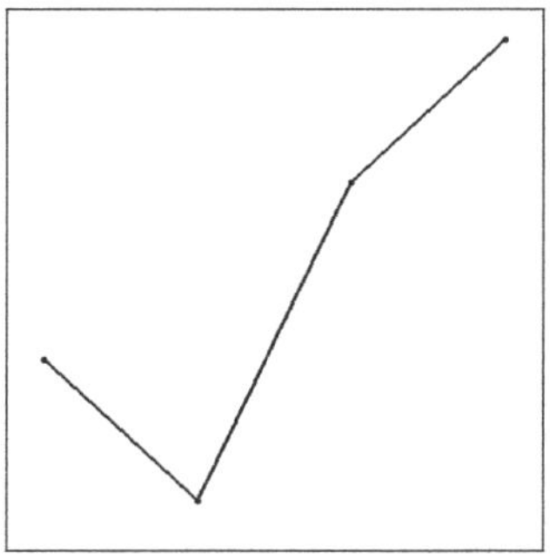

그림 3.4: 불연속 함수의 어림 그래프

이 그림을 통해 함수의 불연속이 존재를 파악하기는 어렵습니다. 불연속점을 판별하는 직관적 기준은 함숫값이 갑자기 크게 변하는 것입니다. [그림 3.4]는 분할된 각 구간마다 함숫값이 크게 변하는 모양을 보여주지만, $x$의 변화 또한 크게 변합니다. 함숫값의 큰 변화가 $x$의 큰 변화에 의한 것인지, 불연속점에 의한 것인지를 구분하기 어렵습니다.

그리고 함숫값이 크게 변한다는 것은 또한 상대적인 개념입니다. 그래프를 확대하였을 때, 즉 $x$의 변화가 작을 때 함숫값의 변화가 작다면 불연속이라 할 수 없습니다. 따라서 불연속을 판별하려면 $x$값의 변화의 크기를 줄여가며 함숫값의 크기 변화를 살펴보아야 합니다.

그래프에서 $x$값의 변화를 줄이는 방법은 분할의 개수를 늘리는 것입니다. [그림 3.5]는 분할의 개수를 아홉 개로 늘린 것입니다.

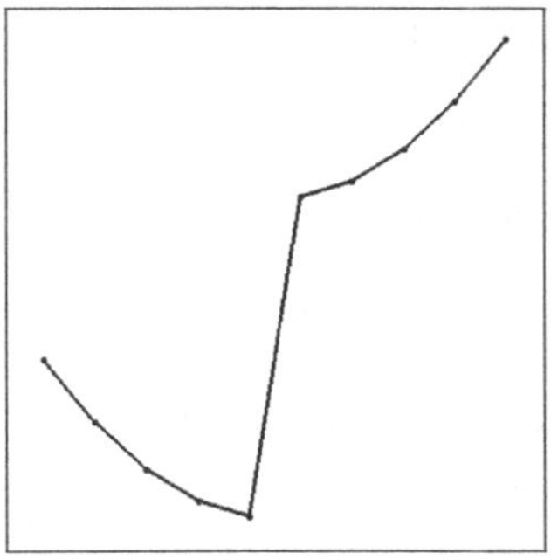

그림 3.5: 불연속 함수의 어림 그래프

이제 불연속점의 대략적인 위치기 보이기 시작합니다. 앞서 정의역 구간을 세 개로 분할했을 때와 아홉 개로 분할했을 때의 다른 점은 함숫값의 변화량이 일정한 역치를 넘는 구간이 보인다는 것입니다. [그림 3.5]에서 처음 네 개의 구간와 마지막 네 개의 구간에서 함숫값의 차이는 모두 일정한 역치의 범위 안에 있는 것으로 보입니다. 다섯 번째 구간에서의 함숫값의 차이는 이러한 역치의 범위를 훨씬 넘는 것으로 보입니다.

> **함수의 불연속은 $x$가 일정하게 변할 때 함숫값이 정해진 역치의 범위를 넘는 지점에서 발생합니다.**

위에서 예시로 그린 그래프의 실제 공식은 아래와 같습니다.

$$f(x) = \begin{cases} x^2 - 1 & -1 < x \le 0 \\ x^2 + 1 & 0 < x < 1 \end{cases} \tag{3.1.3}$$

[그림 3.6]은 이 함수의 그래프입니다.

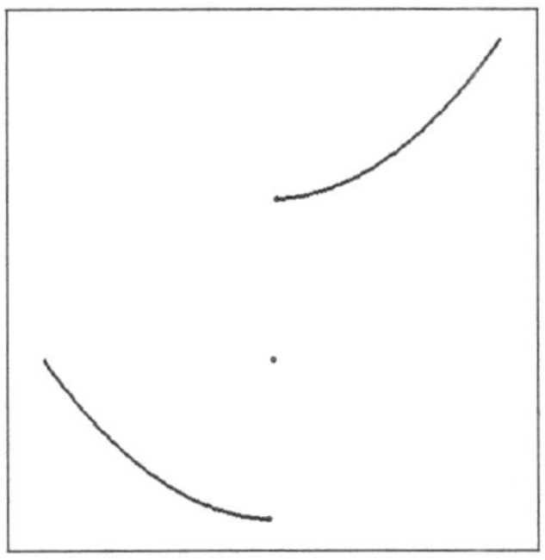

그림 3.6: 함수 (3.1.3)의 그래프

이 그래프를 그리기 위해서는 §**2.3**에서 구현한 `Graph`로 그려봅시다. 이를 위해 좌표점을 잇는 선분 중에서 불연속점을 잇는 선분을 제거하는 과정이 필요합니다. 여기서 어떤 선분을 제거할 지 판단하기 위해 적절한 역치의 값 $\varepsilon$이 필요합니다. 이 값은 분할의 개수, 즉 분할된 구간의 길이에 따라 달라집니다. 너무 큰 역치를 잡으면 불연속을 찾을 수 없습니다. 반대로 너무 작은 값을 역치로 잡으면 모든 점이 불연속점인 것 처럼 보일 것입니다. 적절한 역치 $\varepsilon$의 값이 주어졌을 때, 이를 이용해 그래프를 그리는 함수를 작성해 봅시다.

**코드 3.1**

cal/function_graphcontinuous.go

```go
package cal

func (fn Function) GraphContinuous(eps float64) Graph {
	graph := fn.Graph()
	var lines []Line
	var points []Point
	for _, l := range graph.Lines {
		if Abs(l.From.Y-l.To.Y) > eps {
			points = append(points, l.From, l.To)
		} else {
			lines = append(lines, l)
		}
	}
	return Graph{
		Points: points,
		Lines:  lines,
	}
}
```

**코드 설명**

메소드 GraphContinuous는 입력받은 역치 eps의 범위를 넘는 함숫값의 변화를 불연속적으로 표현하는 그래프를 그립니다.

라인 39: 함수 Graph를 호출하여 함수의 그래프를 생성합니다.

라인 40: 그래프의 선분 중에서 남길 선분 Line을 저장할 슬라이스를 생성합니다.

라인 41: 불연속 구간의 양 끝점을 표시할 Point의 슬라이스를 생성합니다.

라인 42: 앞서 생성한 그래프의 모든 선분을 조사합니다.

라인 43: 만약 선분의 양 끝점에서의 함숫값의 차이의 크기가 eps보다 크다면 이 선분을 불연속 구간으로 판단합니다. 여기서 §2.3에서 구현한 Abs를 사용합니다. (입력값이 `float64` 타입의 값이므로 출력값도 `float64`가 됩니다.)

라인 44: 이 경우, 선분의 양 끝점을 Point 슬라이스에 저장합니다.

라인 45: 불연속 구간이 아니라면 해당 선분을 Line 슬라이스에 저장합니다.

라인 49-52: 새로운 Graph 타입의 구조체를 생성하고 이를 반환합니다.

이제 불연속과 연속의 수학적 의미를 생각해 봅시다. 함수 $y = f(x)$가 연속이라는 것은 무슨 의미일까요?

**불연속과 연속의 의미를 생각해 봅시다.**

앞서 불연속을 판별하는 것은 역치 $\varepsilon$의 크기와 관련이 있다고 하였습니다. 연속은 불연속과 반대의 개념이므로 역치 $\varepsilon$와 여전히 관련이 있습니다.

**함수가 연속이라는 것은 아무리 작은 역치 $\varepsilon$을 잡더라도, $x$의 변화가 충분히 작으면 함숫값의 변화가 역치의 범위 안에 들어가는 것을 말합니다.**

위 역치의 개념은 §1.2에서 소개한 두 수의 거의 같음을 판별하는 데 사용하는 역치의 개념과 근본적으로 같습니다. 다시 말해 어떤 함수가 연속이라는 것은 길이가 매우 짧은 구간의 양 끝점에서 함숫값이 거의 같다는 것입니다. 수학에서는 이러한 연속의 개념을 더욱 엄밀하게 기술하기 위해 한 점에서의 연속을 먼저 정의합니다. (자세한 정의는 수학 원리 3.1을 참고하세요.)

많은 경우에 한 점에서의 연속을 끊어지지 않고 연결된다는 직관적 개념으로 설명합니다. 이러한 설명은 연속을 엄밀히 정의하는 것이 아닙니다. 연속의 엄밀한 정의는 한 점이 연속인지 아닌지를 증명할 수 있는 방법을 제시합니다. 가장 간단하게 연속을 정의하는 방법은 수열을 이용하는 것입니다.

> **점 $x = c$ 근방에서 정의된 함수 $y = f(x)$와 점 $c$로 수렴하는 수열 $a_n$, 그리고 수열 $b_n = f(x_n)$을 생각합시다. 함수 $f(x)$가 점 $c$에서 연속이라는 것은 어떠한 수열 $a_n$에 대해서도 $b_n$이 항상 $f(a)$로 수렴하는 것을 말합니다.**[a]
>
> [a] **연속을 정의하는 것을 수열적 연속sequential continuity이라고 합니다.**

이와 같이 함수가 $x = c$에서 연속일 때, 이를 기호로 아래와 같이 씁니다.

$$\lim_{x \to a} f(x) = f(a)$$

여기서 $x = c$를 연속점continuous point이라고 합니다. 연속이 아닌 점을 불연속점discontinuous point이라고 합니다.

한 점 $x = c$가 불연속점임을 보이려면 $c$로 수렴하는 어떤 수열 $a_n$을 찾아서, 수열 $b_n = f(x_n)$이 $f(a)$로 수렴하지 않는 것을 보이면 됩니다. 예를 들어, 구간 $[0, 1]$에서 정의된 아래의 함수를 살펴봅시다.

$$f(x) = \begin{cases} \sin\left(\dfrac{1}{x}\right) & 0 < x \leq 1 \\ 0 & x = 0 \end{cases} \tag{3.1.4}$$

수열 $a_n$을 아래와 같이 정했다고 해 봅시다.

$$a_n = \frac{1}{2n\pi}$$

이 수열의 극한은 0입니다.

$$\frac{1}{2n\pi} \to 0$$

그리고 수열 $b_n = f(a_n)$은 0으로 수렴합니다.

$$b_n = \sin(2n\pi) = 0 \to 0$$

그러나 이 하나의 수열이 함수의 연속을 증명하는 것은 아닙니다. 이와 다른 또 다른 수열을 통해 함수가 $x = 0$에서 불연속임을 보일 수 있습니다. 이번에는 $a_n$을 아래와 같이 정해봅시다.

$$a_n = \frac{1}{(2n+1)\pi}$$

이제 수열 $b_n = f(a_n)$은 $-1$과 $1$ 사이에서 진동하며 $0$으로 수렴하지 않습니다.

$$b_n = \sin(2n+1)\pi = (-1)^{2n+1}$$

따라서 함수 (3.1.4)는 $x = 0$에서 불연속입니다.

**수학 원리 3.1**

(아주 작은) 역치 $\varepsilon$가 임의로 주어지더라도 아주 작은 구간 $c - \delta < x < c + \delta$에서 함숫값 $f(x)$와 $f(a)$의 차이가 역치 $\varepsilon$를 넘지 않을 때, 함수 $f(x)$는 $x = c$에서 연속이라 합니다. 이를 엡실론-델타 논법epsilon-delta argument이라고 합니다.

$$|x - c| < \delta \Longleftrightarrow |f(x) - f(c)| < \varepsilon \tag{3.1.5}$$

여기서 핵심은 어떠한 $\varepsilon$가 주어지더라도 그에 맞는 $\delta$를 찾을 수 있다는 것입니다. 다시 말해 연속이라는 것은 함수 $\delta(\varepsilon)$가 존재한다는 것과 같은 의미입니다.

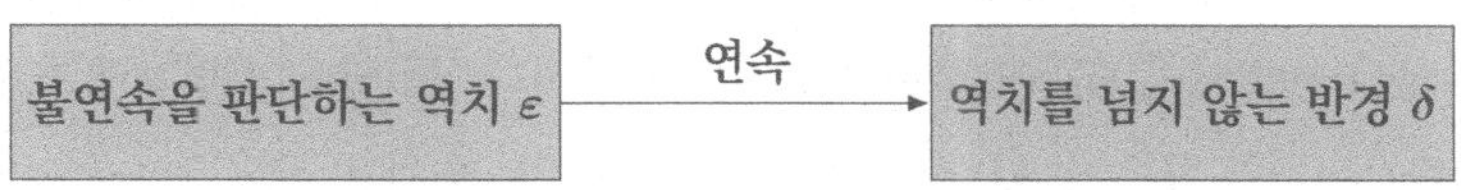


앞서 수열을 이용하여 함수의 연속을 정의하였습니다. 여기서는 두 가지 정의가 서로 동치equivalent임을 증명해 봅시다.

먼저 함수 $f$가 엡실론-델타 논법에 따라 $x = c$에서 연속이라고 가정해 봅시다. 그리고 수열 $a_n$이 $c$로 수렴하는 임의의 수열이라고 가정해 봅시다. 이제 임의의 $\varepsilon$이 주어졌고, 연속이라는 가정에 따라 명제 (3.1.5)를 만족하는 $\delta$가 존재합니다. 수열 $a_n$은 $c$로 수렴하므로 충분히 큰 인덱스 $n$을 잡으면 모든 수열의 나머지 항이 $c$와의 차이가 $\delta$보다 작아지게 할 수 있습니다.

$$|a_n - c| < \delta$$

가정 (3.1.5)에 따라 $f(a_n)$과 $f(a)$의 차이는 $\varepsilon$을 넘지 않게 됩니다.

$$|f(a_n) - f(c)| < \varepsilon$$

이는 수열 $f(a_n)$이 $f(c)$로 수렴한다는 뜻입니다. 이 논리는 임의의 수열 $a_n$에 대해 성립하므로 수열적 연속은 성립합니다.

다음으로 함수 $f$가 수열적 연속의 정의에 따라 $x = c$에서 연속이라고 가정해 봅시다. 엡실론-델타 논법에 의해 연속이 성립하는 것을 증명하는 것이 목표입니다. 수열적 연속을 명제 $(A)$, 엡실론-델타 논법에 의한 연속을 명제 $(B)$라고 하면, 여기서 보이고자 하는 명제의 형태는 다음과 같습니다.

$$(A) \Rightarrow (B)$$

이러한 형태의 명제의 대우contrapositive는 아래와 같고, 이 둘은 서로 동치입니다.

$$\neg(B) \Rightarrow \neg(A) \tag{3.1.6}$$

여기서 $\neg(B)$는 명제 $(B)$의 부정을 말합니다. 즉, 수열적 연속이 성립할 때 엡실론-델타 논법에 의한 연속이 성립함을 보이려면 명제 (3.1.6)이 참이라는 것을 보이면 됩니다: 엡실론-델타 논법이 성립하지 않으면 수열적 연속도 성립하지 않는다는 것입니다.

이제 엡실론-델타 논법이 성립하지 않는다고 가정해 봅시다. 이 말은 어떤 $\varepsilon$에 대해서는 명제 (3.1.5)가 성립하는 $\delta$를 찾을 수 없다는 뜻입니다. 즉, 아무리 작은 $\delta$를 잡더라도 항상 아래의 부등식을 만족하는 점 $x$가 $c$의 $\delta$ 반경 안에 존재한다는 뜻입니다.

$$|f(x) - f(c)| \geq \varepsilon \tag{3.1.7}$$

이제 $\delta$를 다음과 같이 정해봅시다.

$$\delta = \frac{1}{n}$$

각 자연수 $n$마다 부등식 (3.1.7)을 만족하는 점 $x$를 $a_n$이라 합시다. 이 수열 $a_n$은 $c$에 수렴합니다.

$$|a_n - c| < \frac{1}{n} \to 0$$

그러나 부등식 (3.1.7)은 $f(a_n)$과 $f(c)$의 차이가 항상 $\varepsilon$보다 크다는 것을 말합니다.

$$|f(a_n) - f(c)| \geq \varepsilon$$

따라서 수열 $b_n = f(a_n)$은 $f(c)$로 수렴하지 않고, 수열적 연속이 성립하지 않습니다.

## 3.2 변화량을 예측하기: 미분derivative의 의미

앞 절 §**3.1**에서 작은 구간에서의 함숫값의 차이를 통해 불연속을 판단하는 과정을 살펴보았습니다. 이와 같이 앞으로 구간 $a \le x \le b$의 양 끝점에서의 두 함숫값 $f(b), f(a)$를 함수의 변화량change이라 하겠습니다.

$$\Delta f = f(b) - f(a)$$

구간의 길이는 항등 함수 $y = x$의 변화량으로 이해할 수 있으므로 이를 $\Delta x$라 쓰겠습니다.

$$\Delta x = b - a$$

동일한 구간에서 두 변화량 $\Delta f$와 $\Delta x$의 비율을 함수의 변화율rate of change이라 합니다.

$$\frac{\Delta f}{\Delta x} = \frac{f(b) - f(a)}{b - a} \tag{3.2.1}$$

이 값이 무엇을 의미할까요?

> 함수의 변화율로 함숫값을 예측해 봅시다.

구간 $[0, 1]$에서 함수 $f(x) = \sin x$의 변화율을 계산하고 그 의미를 생각해 봅시다.

$$\frac{\sin(1) - \sin(0)}{1 - 0} = \sin(1) = 0.841 \cdots$$

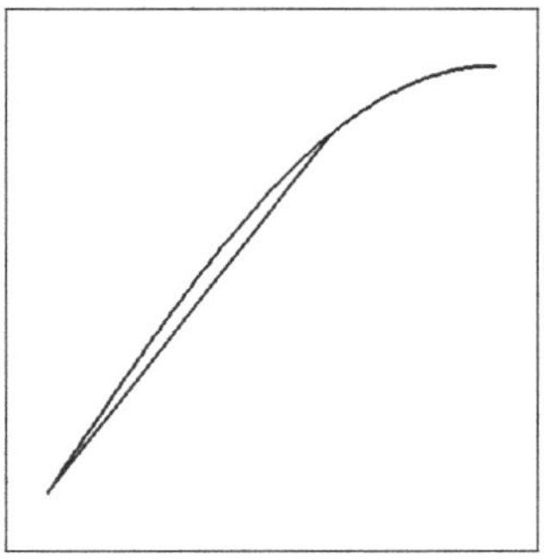

그림 3.7: 사인 함수의 변화율

이 값의 의미를 수식대로 해석하면 $x$가 $0$에서 $1$까지 변할 때, 함숫값은 $\sin(0) = 0$에서 대략 $0.841$만큼 증가하였다는 뜻입니다. 여기서 대략이라는 표현은 그 값이 실제 값을 근사한다는 것을 말합니다. 그리고 이러한 근사치는 $x$의 변화량 $\Delta x$의 크기에 따라 비례적으로 변합니다. $x$가 $0$에서 $0.5$까지 변할 때는 함숫값은 대략 $0.420$만큼 변합니다.

$$0.5 \cdot 0.841 \approx 0.420$$

이 방법으로 구간 $[0, 1]$에서의 사인 함수의 값을 아래와 같이 근사할 수 있습니다.

$$\sin(x) = \sin(0 + \Delta x) \approx \sin(0) + 0.841\Delta x = 0.841x$$

이 근사식은 $[0, 1]$에서 함수가 평균적으로 증가하는 추세에 따라 함숫값을 예측합니다. (이런 의미로 값 (3.2.1)을 평균 변화율average rate of change이라 합니다.) 이는 구간의 양 끝점에서는 함숫값을 정확히 예측하지만 구간 내의 점에서는 함숫값과 오차가 있습니다.

만약 $x = 0$과 $x = 1$에서의 함숫값 외에 함수에 관한 아무 정보가 주어지지 않는다면 이 방법이 함숫값을 예측하는 최선일 것입니다. 그러나 점 $x = 0$의 주변에서 함수의 정보가 더 주어진다면 그 근방에서 함숫값을 더 정확하게 예측할 수 있을 것입니다. 작은 몇 개의 $t > 0$에 대해 함숫값 $f(t)$를 알고 있다고 가정해 봅시다. 구간 $0 \leq x \leq t$에서의 평균변화율은 아래와 같이 계산할 수 있습니다.

$$\frac{\sin t - 0}{t - 0} = \frac{\sin t}{t}$$

이를 $0$으로 단조 감소monotonic decreasing하는 $t$의 수열을 따라 계산하면 점점 $1$에 가까워지는 것을 알 수 있습니다. (이에 관한 엄밀한 증명은 수학 원리 3.2를 참고하세요.)

$$\frac{\sin(t)}{t} \to 1 \tag{3.2.2}$$

다시 말해 $x = 0$ 근방에서 함수의 평균 변화율은 $1$에 매우 가까우며, 아래의 근사식이 성립합니다.

$$\sin(x) = \sin(0 + \Delta x) \approx \sin(0) + 1 \cdot \Delta x = x$$

여기서 우변의 $y = x$는 차수degree가 $1$인 일차식linear equation입니다. 이렇게 함숫값을 근사하는 일차식을 선형 근사식linear approximation이라 합니다.

**점 $x = c$의 근방에서 함수 $f(x)$의 값을 아래와 같은 선형근사식 $L(x)$로 예측하는 것을 선형 근사linear approximation라 합니다.**

$$L(x) = f(c) + d(x - c) \tag{3.2.3}$$

선형근사의 목표는 함숫값을 가장 잘 예측하는 좋은 선형 근사식을 찾는 것입니다. 식 (3.2.3)에서 아직 정해지지 않은 것은 식 (3.2.3)의 기울기 $d$ 뿐입니다. 즉, 점 $x = c$의 근방에서 선형 근사식 (3.2.3)이 함숫값을 가장 잘 근사하도록 하는 기울기 $d$의 값을 찾아야 합니다.

앞서 본 사인 함수의 예와 같이, 점 $x = c$ 근방에서의 함수의 값이 증가하는 추세는 그 주변의 평균 변화율의 극한과 같습니다. 따라서 선형 근사식 $L$이 함숫값을 잘 예측하려면 함수 $L$의 평균 변화율 또한 함수의 평균 변화율의 극한에 수렴해야 합니다. 이를 만족하는 기울기 $d$는 아래와 같이 계산할 수 있습니다.

$$\frac{f(c+h) - f(c)}{h} \approx \lim_{h \to 0} \frac{L(c+h) - L(c)}{h} = d \tag{3.2.4}$$

다시 말해 좋은 선형 근사식의 기울기는 함수의 평균 변화율의 극한과 같습니다. 여기서 $h$는 암묵적으로 양수라 가정하였지만, 음수이어도 동일한 결과를 얻습니다. 즉, $[c, c+h]$와 $[c-h, c]$에서의 변화율이 서로 같은 값으로 수렴해야 합니다.

$$\frac{f(c) - f(c-h)}{h} \approx \lim_{h \to 0} \frac{L(c) - L(c-h)}{h} = d \tag{3.2.5}$$

구간 $c \le x \le c+h$와 $c-h \le x \le c$에서의 두 평균 변화율의 극한이 서로 같을 때 이를 기울기로 갖는 선형 근사식은 $c$의 작은 근방 $c-h \le x \le c+h$에서 함숫값을 잘 예측한다고 할 수 있습니다. 양수인 $h$가 $0$에 가까이 갈 때 식 (3.2.4)와 (3.2.5)의 극한을 각각 우극한right limit과 좌극한left limit이라 하고 아래와 같이 표기합니다.[1]

$$\lim_{h \to 0+} \frac{f(c+h) - f(c)}{h}, \quad \lim_{h \to 0-} \frac{f(c+h) - f(c)}{h}$$

좋은 선형 근사식이 존재하려면 우극한과 좌극한이 존재하고 서로 같아야 합니다. 두 가지 조건이 모두 만족되는 경우, 함수 $f(x)$는 $x = c$에서 미분가능differentiable하다고 하고, 그

[1] 첨자 $0^-$는 $h$가 음수로서 $0$에 가까이 가는 것을 의미합니다.

극한을 미분(또는 미분계수)이라 하며 아래와 같이 표기합니다.

$$f'(c) = \lim_{h \to 0} \frac{f(c+h) - f(c)}{h} \tag{3.2.6}$$

참고로 (3.2.6)을 다음과 같이 표기하기도 합니다.

$$\frac{df}{dx}(c), \quad \left.\frac{d}{dx}\right|_{x=c} f(x), \quad Df(c)$$

**$x = c$에서 미분가능한 함수 $f(x)$는 그 근방에서 아래의 좋은 선형 근사식을 갖습니다.**

$$L(x) = f(c) + f'(c)(x - c)$$

다시 말해 함수의 미분은 한 점의 근방에서 좋은 선형근사식을 찾아주는 역할을 합니다.

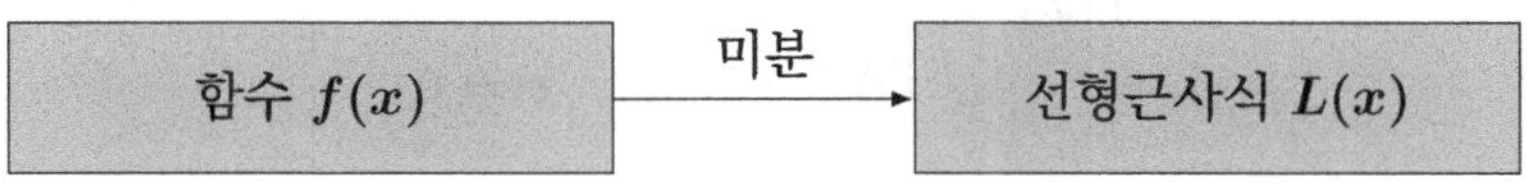


여기서 좋은 선형 근사식이란 흔히 말하는 접선tangent line의 방정식과는 다른 것입니다. 접선이란 어떤 곡선과 한 점에서 교차transverse하지 않는 직선을 의미하고, 이러한 직선은 무한히 많을 수도 있고, 존재하지 않을 수도 있습니다.

예를 들어, 아래의 절댓값 함수를 살펴봅시다.

$$f(x) = |x| = \begin{cases} x & x \geq 0 \\ -x & x < 0 \end{cases} \tag{3.2.7}$$

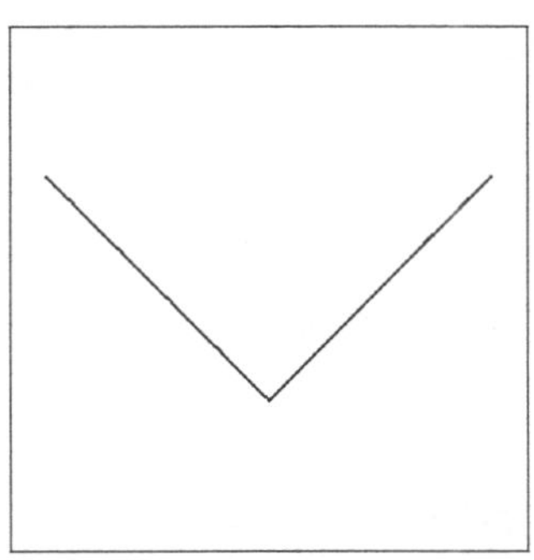

그림 3.8: 절댓값 함수의 그래프

원점 $(0,0)$은 함수의 그래프 위의 한 점입니다. 이 점에서 함수의 그래프에 접하는 직선은 무수히 많습니다. (사실 기울기의 크기가 1보다 작은 직선은 모두 접합니다.) 그러나 이 함수는 $x=0$에서 좌극한과 우극한이 서로 다르므로 $x=0$에서 미분가능하지 않습니다.

$$\lim_{h\to 0^-}\frac{|h|-0}{h}=-1\neq\lim_{h\to 0^+}\frac{|h|-0}{h}=1$$

따라서 함수 (3.2.7)은 $x=0$에서 좋은 선형 근사식을 갖지 않습니다. 함수의 그래프를 나타내는 [그림 3.8]에서도 볼 수 있듯이, 원점을 지나는 어떠한 직선을 그리더라도 함수의 그래프와 $x=0$을 기준으로 모양이 맞지 않습니다.

이와 반대로 접선이 존재하지 않더라도 좋은 선형 근사식이 존재하는 경우도 있습니다. 아래의 함수를 살펴봅시다.

$$f(x)=\begin{cases} x^2\sin\left(\dfrac{1}{x}\right) & x\neq 0 \\ 0 & x=0 \end{cases} \tag{3.2.8}$$

[그림 3.9]는 구간 $-1\leq x\leq 1$에서 이 함수의 그래프와 두 함수 $y=x^2$, $y=-x^2$의 그래프를 함께 그린 것입니다.

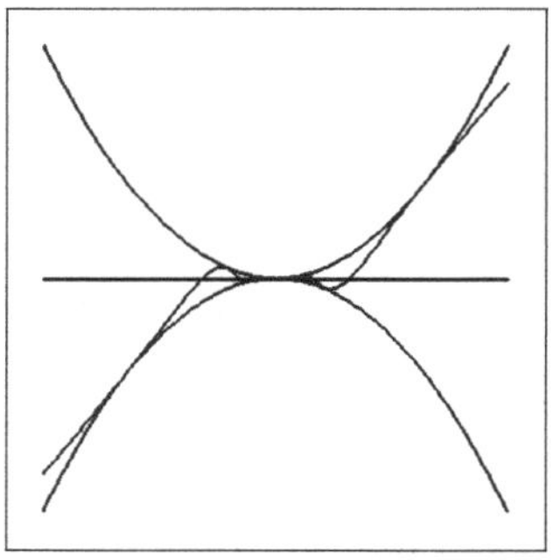

그림 3.9: 함수 (3.2.8)의 그래프

함께 그린 이차 함수 $y=x^2$, $y=-x^2$의 그래프는 함수 (3.2.8)의 크기가 점근적asymtotically으로 줄어드는 형태를 보여줍니다. 계산을 통해 이 함수는 $x=0$에서 미분가능하다는 것을 알 수 있습니다.

$$f'(0)=\lim_{h\to 0}\frac{f(0+h)-f(0)}{h}=\lim_{h\to 0}\frac{h^2\sin\left(\frac{1}{h}\right)-0}{h}=\lim_{h\to 0}h\sin\left(\frac{1}{h}\right)=0$$

따라서 $x=0$에서 함수 (3.2.8)의 좋은 선형 근사식은 상수 함수constant function인 $L=0$

입니다. 이 함수의 그래프는 원점을 지나는 수평선, 즉 $x$축입니다. $x = 0$에 가까이 갈수록 이 직선은 함수 (3.2.8)의 그래프와 (무수히 많은 점에서) 교차합니다. 따라서 선형 근사식 $L = 0$은 $x = 0$에서 접선이라고 할 수 없습니다.

**미분의 의미를 생각해 봅시다.**

앞서 미분가능성은 좋은 선형 근사식이 존재하는 것과 같은 의미라 하였습니다. 그러면 좋은 선형 근사식의 의미가 무엇인지 생각해 봅시다. 점 $x = c$에서 함수 $f(x)$가 미분가능하고, $d$를 미분이라 합시다.

$$d = \lim_{h \to 0} \frac{f(c+h) - f(c)}{h} \tag{3.2.9}$$

여기서 왼쪽의 $f'(c)$를 오른쪽으로 넘겨 극한의 안쪽으로 넣어봅시다.

$$0 = \lim_{h \to 0} \frac{f(c+h) - f(c) - dh}{h}$$

이제 $x = c + h$로 치환해 봅시다. $h$가 $0$에 가까이 갈 때 $x$는 $c$에 가까이 갑니다. 즉, $h \to 0$와 $x \to c$는 동치입니다.

$$0 = \lim_{x \to c} \frac{f(x) - (f(c) - d(x-c))}{x - c} = \lim_{x \to c} \frac{f(x) - L(x)}{x - c}$$

분모 $x - c$와 분자 $f(x) - L(x)$는 모두 $0$에 접근합니다. 이 비율이 $0$에 수렴한다는 것은 $x - c$가 $0$에 접근하는 속도보다 $f(x) - L(x)$가 $0$에 접근하는 속도가 빠르다는 것을 말합니다.

**함수 $f(x)$가 $x = c$에서 미분가능하다는 것은 선형 근사의 오차가 입력값의 오차보다 빠르게 $0$으로 수렴하는 것을 말합니다.**

예를 들어, 아래의 함수를 생각해 봅시다.

$$f(x) = \begin{cases} x \sin\left(\dfrac{1}{x}\right) & x \neq 0 \\ 0 & x = 0 \end{cases} \tag{3.2.10}$$

미분의 정의 (3.2.6)에 따라 함수 $f_1(x)$ (3.2.10)의 미분을 계산해 봅시다.

$$\lim_{h \to 0} \frac{f_1(0+h) - f_1(0)}{h} = \lim_{h \to 0} \frac{h \sin\left(\frac{1}{h}\right) - 0}{h} = \lim_{h \to 0} \sin\left(\frac{1}{h}\right)$$

앞 절 §**3.1**에서 살펴보았듯이 이 극한은 존재하지 않습니다. 따라서 $f$는 $x = 0$에서 미분가능하지 않습니다. [그림 3.10]과 같이 함수의 그래프는 $y = x$와 $y = -x$의 사이를 진동하며 $x = 0$에 수렴합니다. (함수 (3.2.8)과 비슷하지만 점근선의 모양이 다릅니다.)

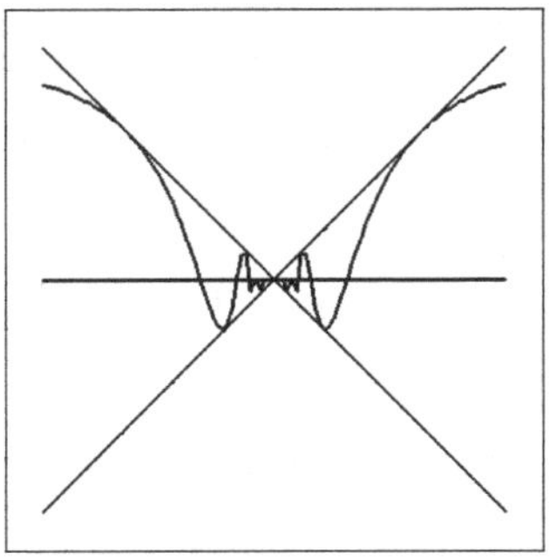

그림 3.10: 함수 (3.2.10)의 그래프

좋은 선형 근사식은 아니지만 선형식[2] $L = 0$은 $x = 0$ 근방의 함숫값을 가장 잘 근사할 수 있는 유일한 방법입니다. 문제는 이 식이 함수의 미분값을 정의할 만큼 좋은 근사식은 아니라는 점입니다.

다시 평균 변화율의 관점에서 미분을 생각해 봅시다. 미분은 평균 변화율의 극한이지만, 함수식을 모르는 상황이라면 그 값을 근사적으로 구할 수 밖에 없습니다. $x = c$로부터 아주 작은 $x$의 변화량 $\Delta x$가 생겼을 때, 발생하는 함수의 변화량 $\Delta f$를 계산하여 그 비율을 구해야 합니다.

$$f'(c) \approx \frac{\Delta f}{\Delta x} \tag{3.2.11}$$

이제 이 작은 변화량 $\Delta x$를 발생시키는 상황을 움직이는 점의 관점에서 생각해 봅시다. 만약 점 $x = c$가 양의 $x$축의 방향으로 일정한 속도로 움직인다면, 아주 작은 시간의 변화량 $\Delta t$ 동안 움직인 거리가 $\Delta x$가 될 것입니다. 따라서 식 (3.2.11)의 양변에 $\Delta t$를 나누면 아래와 같은 근사식을 얻습니다.

$$f'(c) \approx \frac{\Delta f/\Delta t}{\Delta x/\Delta t}$$

여기서 분모와 분자는 각각 점 $x$와 함숫값 $f$가 시간 $\Delta t$동안 이동한 평균 속도average velocity를 나타냅니다. 만약 $\Delta t$가 $0$에 점점 가까이 간다면 이들은 각각 $x$와 $f$가 $t = 0$에서 움직이기

[2]상수 함수이지만 그래프의 모양이 직선이므로 선형식이라고 부릅니다.

시작한 순간 속도instantaneous velocity가 될 것입니다.

> **미분계수 $f'(c)$는 함수의 그래프를 따라 움직이는 점 $(x, y)$가 점 $(c, f(c))$를 지날 때의 $x$축 방향의 순간 속도와 $y$축 방향의 순간 속도의 비율과 같습니다.**

다시 말해 $x = c$를 지날 때의 점의 $x, y$축 방향의 순간 속도를 각각 $x', y'$라 하면 미분 $f'(c)$는 아래의 식으로 구할 수 있습니다.

$$f'(c) = y'/x' \tag{3.2.12}$$

여기서 $x'$와 $y'$는 앞서 소개한 변화량 $\Delta x$와 $\Delta y$는 다른 것입니다. 시간 $t$의 변화량을 $\Delta t$라 하면 $x'$와 $y'$는 각각 $x, y$축 방향으로의 평균 속도로 근사할 수 있습니다.

$$x' \approx \frac{\Delta x}{\Delta t}, \quad y' \approx \frac{\Delta y}{\Delta t}$$

순간 속도 $x', y'$는 $\Delta t$가 $0$에 수렴할 때 평균 속도가 수렴하는 값입니다.

$$x' = \lim_{\Delta t \to 0} \frac{\Delta x}{\Delta t}, \quad y' = \lim_{\Delta t \to 0} \frac{\Delta y}{\Delta t}$$

미분의 정의 (3.2.9)와 식 (3.2.12)를 서로 어떻게 연결할 수 있을까요? $f'(c)$는 평균변화율의 극한으로 정의하였고, 여기서의 평균변화율은 $\Delta x$와 $\Delta y$의 비율입니다. 점의 좌표는 연속적으로 움직이므로 $\Delta t$가 $0$에 수렴하면 $\Delta x$ 또한 $0$에 수렴합니다. 따라서 다음 등식이 성립합니다.

$$f'(c) = \lim_{\Delta x \to 0} \frac{\Delta y}{\Delta x} = \lim_{\Delta t \to 0} \frac{\Delta y}{\Delta x}$$

이를 아래와 같이 도시할 수 있습니다.

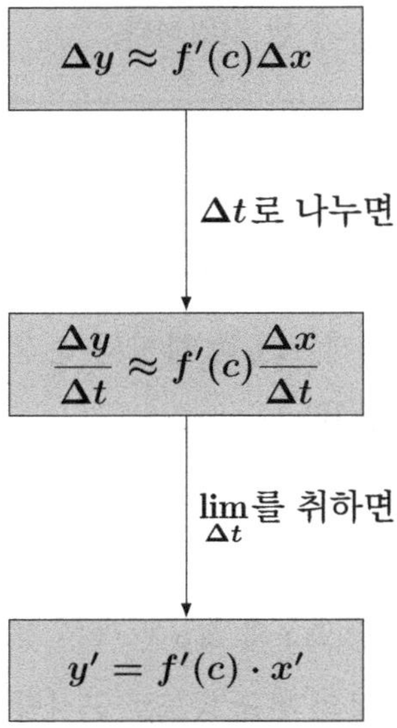


### 미분을 어떻게 계산할까요?

함수의 미분은 식 (3.2.9)에서 정의하였습니다. 주어진 함수가 $x = c$에서 미분가능하다면, 식 (3.2.9)의 극한자에 아주 작은 $h > 0$를 대입하여 미분의 근삿값을 구할 수 있습니다. 이를 Go 함수로 구현해 봅시다.

**코드 3.2**

cal/function_differential.go

```
package cal

func (fn Function) Differential(c float64) float64 {
    var h float64 = Eps
    r := (fn.Formula(c+h) - fn.Formula(c)) / h
    l := (fn.Formula(c) - fn.Formula(c-h)) / h
    for !IsZero(l - r) {
        h /= 2
        r = (fn.Formula(c+h) - fn.Formula(c)) / h
        l = (fn.Formula(c) - fn.Formula(c-h)) / h
```

```
11     }
12     return (l + r) / 2
13 }
```

**코드 설명**

구조체 Function의 메소드 Differetial은 점 $x = c$에서의 미분계수를 계산합니다.

라인 5-6: 역치 Eps[a] 만큼의 변화량 $\Delta x$에 따른 평균 변화율의 좌극한 l과 우극한 r을 계산합니다.

라인 7: 좌극한과 우극한이 거의 같을 때까지 반복문을 수행합니다.

라인 8-10: 좌극한과 우극한이 서로 같지 않다면 변화량 $\Delta x$를 반으로 줄여서 이들을 다시 계산합니다. 만약 절댓값 함수 (3.2.7)과 같이 좌극한과 우극한이 항상 다른 경우에는 어떻게 될까요? 이 때는 h의 부동소수점 값이 0이 되어 l과 r에 NaN이 저장됩니다. NaN은 Not-a-number의 줄임으로써 어떤 수와 연산하여도 NaN이 되고 어떤 수와 크기를 비교하여도 false가 반환됩니다. 따라서 함수 IsZero는 false를 반환하고 반복문이 종료됩니다. 최종 결과는 NaN이 반환합니다.

[a] 파일 iszero.go에 상수로 정의되어 있습니다.

예시 함수로 $x = 0$에서의 코사인 함수 cos의 미분을 구해봅시다.

**코드 3.3** cal/function_differential_example_test.go

```
package cal

import "fmt"

func ExampleFunction_Differential() {
    f := Function{
        Interval: [2]float64{-1., 1.},
        Formula:  Cos,
```

```
    }
    fmt.Println(f.Differential(0.0))
    // Output: 0
}
```

위 예시 함수를 실행하면 0이 출력됩니다. 코사인 함수의 미분을 정의대로 구해서 위 결과가 맞는지 검증해 봅시다.

$$\lim_{h\to 0}\frac{\cos(0+h)-\cos(0)}{h}=\lim_{h\to 0}\frac{\cos h-1}{h} \tag{3.2.13}$$

여기서 $\cos h$를 §**2.2**의 식 (2.2.5)를 이용하여 아래와 같이 써 봅시다.

$$\begin{aligned}\cos h &= \cos\left(\frac{h}{2}+\frac{h}{2}\right)=\cos\left(\frac{h}{2}\right)\cos\left(\frac{h}{2}\right)-\sin\left(\frac{h}{2}\right)\sin\left(\frac{h}{2}\right)\\ &= \cos^2\left(\frac{h}{2}\right)-\sin^2\left(\frac{h}{2}\right)=1-2\sin^2\left(\frac{h}{2}\right)\end{aligned}$$

이를 식 (3.2.13)에 대입하여 극한을 계산할 수 있습니다.

$$\begin{aligned}\lim_{h\to 0}\frac{1-2\sin^2\left(\frac{h}{2}\right)-1}{h} &= -2\lim_{h\to 0}\frac{\sin^2\frac{h}{2}}{2(h/2)}\\ &= -2\lim_{h\to 0}\left(\lim_{h\to 0}\sin(h/2)\right)\frac{\sin(h/2)}{h/2}=0\cdot 1=0\end{aligned}$$

**수학 원리 3.2**

함수 $f(t)=\dfrac{\sin(t)}{t}$의 $t=0$에서의 극한을 구해봅시다. $t$를 단위원의 원주 위의 한 점 $p$의 라디안 각이라 합시다. 편의상 $t>0$이라고 가정하겠습니다. 이 때 $\sin(t)$는 점 $p$의 $y$축 좌표, $t$는 이 점과 $(1,0)$을 잇는 호의 길이가 됩니다. 따라서 다음 부등식이 성립합니다.

$$\sin(t)\le t \tag{3.2.14}$$

이제 원점과 점 $p$를 잇는 직선을 연장하여 점 $(1,0)$에서 수직한 직선과 만나는 점 $q$를 생각해 봅시다. 이 점의 $y$축 좌표는 닮음비를 이용하여 아래와 같이 구할 수 있습니다.

$$\frac{\sin(t)}{\cos(t)} = \frac{y}{1}$$

그리고 이 크기 $y$는 앞서 본 호의 길이보다 깁니다. 따라서 아래의 부등식이 성립합니다.

$$t \leq y = \frac{\sin(t)}{\cos(t)} \tag{3.2.15}$$

이제 부등식 (3.2.14)와 (3.2.15)를 합하여 아래의 부등식을 얻습니다.

$$\cos(t) \leq \frac{\sin(t)}{t} \leq 1$$

여기서 $t$가 0에 가까이가면 하한과 상한은 모두 1에 수렴합니다. 따라서 중간값인 $\frac{\sin(t)}{t}$도 1에 수렴합니다.

## 3.3 변화율의 합성: 도함수derivative의 성질

함수의 미분가능성은 정의역의 각 점에서 정의되는 개념입니다. 함수가 구간 내의 모든 점에서 미분가능하면 미분가능하다라고 합니다. 이 경우 정의역 구간의 각 점 $x = c$에 함수의 미분 $f'(c)$를 대응시키는 새로운 함수를 정의할 수 있습니다.

$$f' : c \mapsto f'(c)$$

이러한 함수를 도함수라 합니다. 미분과 마찬가지로 도함수는 여러 가지 기호로 표현됩니다.

$$f', \quad \left.\frac{d}{dx}\right| f, \quad \frac{df}{dx}, \quad Df$$

일반적으로 미분(differentiation)은 한 점에서의 미분을 구하거나 도함수를 구하는 것을 의미합니다. 앞서 미분을 계산하는 함수 `Differential`을 정의하였습니다. 이를 이용하여 도함수를 생성하는 함수를 정의해 봅시다.

코드 3.4

cal/function_derivative.go

```go
package cal

func (fn Function) Derivative() Function {
    return Function{
        Interval: fn.Interval,
        Formula:  fn.Differential,
    }
}
```

**멱함수, 지수함수, 삼각함수의 도함수를 구해 봅시다.**

멱함수power function $x^n$ 의 도함수는 아래와 같습니다.($n$은 자연수입니다.)

$$\left.\frac{d}{dx}\right| x^n = nx^{n-1}$$

이는 미분의 정의로부터 쉽게 유도할 수 있습니다.

$$\begin{aligned}\left.\frac{d}{dx}\right| x^n &= \lim_{h\to 0}\frac{(x+h)^n - x^n}{h} = \lim_{h\to 0}\frac{\cancel{x^n} + nx^{n-1}h + \cdots + h^n - \cancel{x^n}}{h} \\ &= \lim_{h\to 0} nx^{n-1} + h\left(\frac{n(n-1)}{2!}x^{n-2} + \cdots + h^{n-2}\right) = nx^{n-1}\end{aligned}$$

지수함수 exp의 도함수는 아래와 같습니다.

$$\frac{d}{dx}\exp(x) = \exp(x) \tag{3.3.1}$$

지수함수의 성질 (2.1.3)을 이용하여 미분의 정의를 아래와 같이 전개해 봅시다.

$$\begin{aligned}\lim_{h\to 0}\frac{\exp(x+h)-\exp(x)}{h} &= \lim_{h\to 0}\frac{\exp(x)\exp(h)-\exp(x)}{h} \\ &= \exp(x)\lim_{h\to 0}\frac{\exp(h)-1}{h}\end{aligned} \tag{3.3.2}$$

위 식의 마지막 항의 $\exp(h)$를 정의하는 극한식으로 치환하여 다시 써 봅시다.

$$\lim_{\substack{h\to 0\\ n\to\infty}}\frac{(1+\frac{h}{n})^n - 1}{h}$$

여기서 $h$와 $n$은 독립적으로 각각 0에 수렴하고 무한대로 발산합니다. 이항전개를 이용하여 식을 간단히 정리해 봅시다.

$$\begin{aligned}&\frac{\cancel{1} + n\frac{h}{n} + \frac{n(n-1)}{2!}\frac{h^2}{n^2} + \cdots + \frac{h^n}{n^n} - \cancel{1}}{h} \\ &\qquad = 1 + \frac{1}{2!}\left(\frac{n}{n}\right)\left(\frac{n-1}{n}\right) + \cdots + \frac{1}{n!}\left(\frac{n}{n}\right)\cdots\left(\frac{1}{n}\right)h^{n-1}\end{aligned}$$

여기서 $n\to\infty$, $h\to 0$이면 첫 항 1을 제외한 모든 항이 0으로 수렴합니다. 따라서 다음 등식이 성립합니다.

$$\lim_{h\to 0}\frac{\exp(h)-1}{h} = 1$$

이를 (3.3.2)에 대입하면 (3.3.1)을 얻습니다.

**사인 함수sine function와 코사인 함수cosine function의 도함수는 아래와 같습니다.**

$$\frac{d}{dx}\bigg|\sin(x)=\cos(x),\qquad \frac{d}{dx}\bigg|\cos(x)=-\sin(x)$$

이는 삼각함수의 덧셈정리 (2.2.5)와 (2.2.6)을 이용하여 보일 수 있습니다. 먼저 $\sin(x)$의 경우를 살펴봅시다.

$$\begin{aligned}\frac{d}{dx}\bigg|\sin(x)&=\lim_{h\to 0}\frac{\sin(x+h)-\sin(x)}{h}\\&=\lim_{h\to 0}\frac{\sin(x)\cos(h)+\cos(x)\sin(h)-\sin(x)}{h}\\&=\sin(x)\lim_{h\to 0}\frac{cos(h)-1}{h}+\cos(x)\lim_{h\to 0}\frac{\sin(h)}{h}\\&=\sin(x)\cdot 0+\cos(x)\cdot 1\\&=\cos x\end{aligned}$$

마지막 등식은 **§3.1**의 식 (3.2.13)과 **§3.2**의 (3.2.2)를 대입한 것입니다. 다음으로 $\cos(x)$의 경우입니다.

$$\begin{aligned}\frac{d}{dx}\bigg|\cos(x)&=\lim_{h\to 0}\frac{\cos(x+h)-\cos(x)}{h}\\&=\lim_{h\to 0}\frac{\cos(x)\cos(h)-\sin(x)\sin(h)-\cos(x)}{h}\\&=\cos(x)\lim_{h\to 0}\frac{\cos(h)-1}{h}-\sin(x)\lim_{h\to 0}\frac{\sin(h)}{h}\\&=\cos(x)\cdot 0-\sin(x)\cdot 1\\&=-\sin x\end{aligned}$$

**더 많은 함수의 도함수를 구해 봅시다.**

주어진 함수를 이용하여 새로운 함수를 만드는 방법에는 다음과 같은 것들이 있습니다.

- 함수에 상수를 곱하는 방법

$$(cf)(x) = c \cdot f(x)$$

- 두 함수를 더하거나 빼는 방법

$$(f+g)(x) = f(x) + g(x), \quad (f-g)(x) = f(x) - g(x)$$

- 두 함수를 곱하거나 나누는 방법[3]

$$(fg)(x) = f(x)g(x), \quad \left(\frac{f}{g}\right)(x) = \frac{f(x)}{g(x)}$$

- 함숫값 다른 함수에 대입하는 방법[4] (이를 합성이라 합니다.)

$$(g \circ f)(x) = g(f(x))$$

처음 두 가지 경우에 해당하는 함수의 도함수는 아래와 같이 구할 수 있습니다.

$$(cf)'(c) = cf'(c), \quad (f+g)'(c) = f'(c) + g'(c), \quad (f-g)'(c) = f'(c) - g'(c)$$

이를 이용하여 다항식의 도함수를 아래와 같이 구할 수 있습니다.

$$\left.\frac{d}{dx}\right| a_n x^n + a_{n-1}x^{n-1} + \cdots + a_1 x + a_0 = na_n x^{n-1} + (n-1)a_{n-1}x^{n-2} + \cdots + a_1$$

두 함수의 곱과 합성의 도함수는 아래의 공식을 따릅니다.

$$(fg)'(c) = f'(c)g(c) + f(c)g'(c) \tag{3.3.3}$$

$$(g \circ f)'(c) = g'(f(c))f'(c) \tag{3.3.4}$$

여기서 식 (3.3.4)는 연쇄 법칙chain rule이라 불리는 중요한 정리입니다.

위의 공식을 활용하여 함수 $f(x) = \frac{1}{x}$의 도함수를 구해봅시다. 이 함수는 $xf(x) = 1$을

[3] 정의역 구간에서 분모 함수가 0이 되지 않는다고 가정합니다.

[4] 함숫값 $f(x)$가 $g$의 정의역 구간에 속한다고 가정합니다.

만족하므로 여기에 곱에 관한 미분 공식 (3.3.3)을 적용해 봅시다.

$$\frac{d}{dx}\bigg| xf(x) = f(x) + xf' = \frac{d}{dx}\bigg| 1 = 0$$

따라서 다음의 도함수 공식을 얻습니다.

$$\frac{d}{dx}\bigg| \frac{1}{x} = -\frac{1}{x^2}$$

이를 일반화하여 일반화하여 유리 함수rational function의 도함수를 구해봅시다.

$$\left(\frac{f}{g}\right)'(c) = \frac{d}{dx}\bigg| f \cdot \frac{1}{g} = f'\frac{1}{g} + f\ \frac{d}{dx}\bigg| \frac{1}{g} =* \frac{f'}{g} + f\frac{g'}{g^2} = \frac{f'g - fg'}{g^2}$$

> **역함수 $f^{-1}(y)$ 의 미분은 아래와 같습니다.**
>
> $$\frac{d}{dy}\bigg| f^{-1}(y) = \frac{1}{f'(f^{-1}(y))} \tag{3.3.5}$$

이는 연쇄 법칙을 이용하여 보일 수 있습니다. 역함수를 $g = f^{-1}$ 라 표기하고 정의에 따라 항등식을 아래와 같이 써 봅시다.

$$g(f(x)) = x$$

양 변을 미분하면 연쇄 법칙으로부터

$$g'(f(x))f'(x) = 1$$

을 얻습니다. 여기에 $y = f(x)$ 와 $g = f^{-1}$ 을 다시 치환하면 식 (3.3.5)가 유도됩니다.

이를 이용하면 로그함수 $\log x$ 의 도함수를 구할 수 있습니다. $\log x$ 는 $\exp x$ 의 역함수이므로 아래와 같이 도함수를 계산합니다.

$$\frac{d}{dx}\bigg| \log(x) = \frac{1}{\frac{d}{dx}\Big|_{\log(x)} \exp} = \frac{1}{\exp(\log(x))} = \frac{1}{x}$$

> **곱의 미분 공식 (3.3.3)과 연쇄 법칙 (3.3.4)를 이해해 봅시다.**

곱의 법칙에서 미분 연산이 각 함수에 분배되지 않는 것이 의아할 것입니다.

$$(fg)'(c) \neq f'(c)g'(c)$$

이를 이해하기 위해 시간 $t$에서의 $f(t)$를 너비로 $g(t)$를 높이로 갖는 직사각형을 상상해 봅시다. (여기서 $f(t)$, $g(t)$는 편의상 양수라 가정해도 무방합니다.) 이 직사각형의 넓이는 $f(t)g(t)$입니다. 곱의 미분 공식은 $t = c$일 때 두 함수의 곱의 미분 $(fg)'(c)$에 대해 말하고 있습니다. 이를 속도에 관한 미분의 의미를 식 (3.2.12)로 해석해 봅시다.

시간 $t = c$에서 $\Delta t$만큼의 시간이 흐르면, 직사각형의 각 변의 길이는 아래만큼 증가합니다.

$$f'(c)\Delta t, \quad g'(c)\Delta t$$

따라서 $t = c$에서 더 늘어난 직사각형의 넓이는 다음과 같습니다.

$$\underbrace{f'(c)g(c)\Delta t}_{\text{높이 변화에 의해 늘어난 넓이}} + \underbrace{f(c)g'(c)\Delta t}_{\text{너비 변화에 의해 늘어난 넓이}} + \underbrace{f'(c)g'(c)(\Delta t)^2}_{\text{더 늘어난 모서리 영역의 넓이}}$$

이제 평균 변화율을 계산해 봅시다.

$$\frac{\Delta(fg)}{\Delta t} = f'(c)g(c) + f(c)g'(c) + f'(c)g'(c)\Delta t$$

만약 $\Delta t \to 0$이면 극한은 다음과 같습니다.

$$f'(c)g(c) + f(c)g'(c)$$

따라서 식 (3.3.3)이 성립합니다.

이번에는 연쇄 법칙을 살펴봅시다. 함수 $g$와 $f$의 변수를 아래와 같이 표기합시다.

$$y = f(x), \quad z = g(y) = g(f(x))$$

연쇄 법칙을 이해하는 첫 번째 방법은 합성 함수의 미분 $(g \circ f)'(c)$를 각 변수의 변화량 $\Delta x$, $\Delta y$, 그리고 $\Delta z$의 비율로 근사하는 것입니다.

$$(g \circ f)'(c) \approx \frac{\Delta z}{\Delta x}$$

이것이 타당한 이유는 각 미분 $f'$, $g'$가 다음과 같이 근사되기 때문입니다.

$$f'(c) \approx \frac{\Delta y}{\Delta x}, \quad g'(f(c)) \approx \frac{\Delta z}{\Delta y}$$

위 식을 변끼리 곱하면 연쇄 법칙이 됩니다.

연쇄 법칙을 이해하는 또 다른 방법은 속도에 관한 미분의 의미 (3.2.12)를 이용하는 것입니다. [그림 3.11]과 같이 두 함수 $y = f(x)$, $z = g(y)$의 그래프를 삼차원의 $xy$, $yz$ 평면에 그려봅시다.[5](좌측의 대각선 축은 $x$축을, 우측의 대각선 축은 $y$축을, 위로 향하는 축은 $z$축을 가리킵니다.)

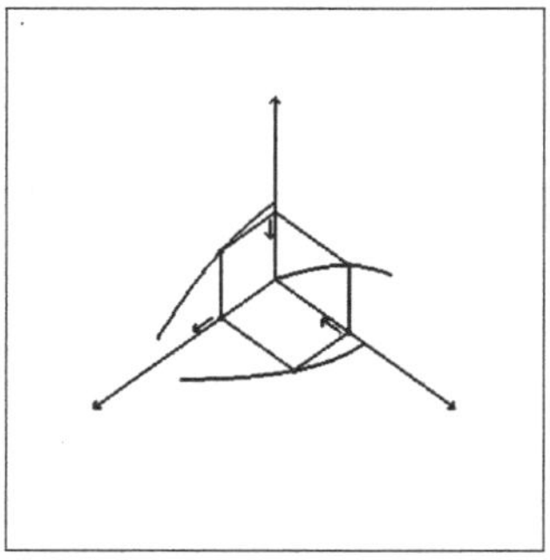

그림 3.11: 연쇄 법칙의 그래프적 해석

이제 각 평면의 그래프에서 움직이는 점이 인접한 축의 좌표를 공유한다고 생각합시다. 예를 들어, 변수 $x$가 $c$에서 양의 방향으로 움직이면 $y$는 $f(c)$에서 음의 방향으로 움직이고, 이에 따라 $z$는 $g(f(c))$에서 음의 방향으로 움직입니다. 이 움직임의 속도를 각각 $x'$, $y'$, $z'$라 해봅시다. 앞서 미분의 의미에 따라 이 세 개의 속도는 다음 관계를 만족합니다.

$$y' = f'(c)x', \quad z' = g'(f(c))y'$$

이렇게 변수 $x$에 의해 $y$를 거쳐 변수 $z$가 결정되므로 점 $(x, 0, z)$의 자취를 $zx$에 그릴 수 있습니다. 이 자취는 곧 $h = (g \circ f)$의 그래프가 됩니다. 미분의 의미에 따라 다음 식이 성립합니다.

$$z' = (g \circ f)'(c)x'$$

[5]이와 같이 삼차원 그림을 그리는 방법은 코드 4.10을 참고하세요.

여기서 $z'$는 다음과 같이 구할 수도 있습니다.

$$z' = g'(f(c))y' = g'(f(c))f'(c)x'$$

따라서 연쇄 법칙 (3.3.4)가 성립합니다.

### 도함수의 기능을 알아봅시다.

도함수와 미분에 관한 정리는 함수에 관한 많은 정보를 제공합니다. 그 중 중요한 몇 가지를 살펴봅시다.

다음은 페르마의 정리Fermat's theorem입니다.

> **함수 $f$가 $x = c$에서 극대local maximum 또는 극소local minimum를 가지면 $f'(c) = 0$ 입니다.**

이 정리는 함숫값이 (극소적으로) 최대 또는 최소가 되는 지점을 찾는데 사용됩니다.[6]

여기서 극대와 극소는 함숫값이 $x = c$ 근방의 다른 점보다 크거나 작은 것을 의미합니다. 작은 양수 $\varepsilon$에 대해 구간 $c-\varepsilon < x < c+\varepsilon$에서 항상 $f(x) \leq f(c)$ 이면 극대, $f(x) \geq f(c)$ 이면 극소입니다. 이러한 점을 극점extremum이라 합니다.

오른쪽 그림은 $x = 0$에서 극솟값을 갖는 함수 $y = x^2$의 그래프입니다. $x = 0$에서 미분이 $0$이므로 수평한 접선을 갖는 것을 볼 수 있습니다.

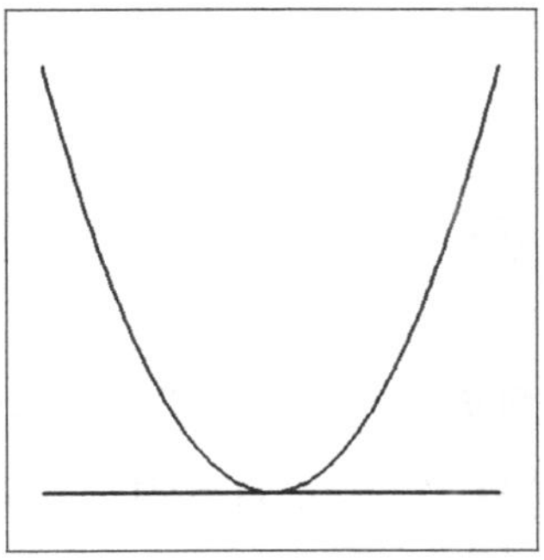

그림 3.12: $y = x^2$의 그래프

[6]함수의 최대, 최소, 극대, 극소를 찾는 문제를 일반적으로 최적화 문제optimization problem라고 합니다. 현재 과학, 공학, 기술 및 산업에서 가장 중요한 문제는 모두 일종의 최적화 문제라고 할 수 있으며, 그것을 푸는 방법의 근원은 대부분 페르마의 정리에 기반을 두고 있습니다.

극점을 구하려면 도함수의 공식 $y = f'(x)$를 구한 뒤 아래의 방정식의 근을 찾습니다.

$$f'(x) = 0 \tag{3.3.6}$$

한 가지 주의할 점은 이 방정식이 근이 반드시 극점이 되는 것이 아니라는 사실입니다. 예를 들어, $y = x^3$은 $x = 0$에서 미분이 $0$이지만 극점이 아닙니다. 방정식 (3.3.6)의 근은 극점의 후보를 찾는 것이고, 이 후보가 실제로 극점인지는 그래프를 통해 확인해야 합니다.

다음으로 역함수 정리inverse function theorem를 살펴봅시다.

> **$f'(c) \neq 0$이면 함수 $f$는 $x = c$의 근방에서 역함수를 갖습니다[a].**
>
> [a]원래의 역함수 정리는 역함수의 존재뿐만 아니라 미분가능성도 보장합니다.

이를 쉽게 이해하려면 함수와 그것의 역함수의 그래프는 직선 $y = x$에 대해 대칭을 이룬다는 사실을 이용하면 됩니다. [그림 3.13]은 함수 $y = f(x) = x^2 + 1$의 그래프를 $y = x$에 대칭시켜 그린 것을 함께 나타낸 것입니다. (왼쪽 위가 함수의 그래프, 오른쪽 아래가 대칭 그래프입니다.)

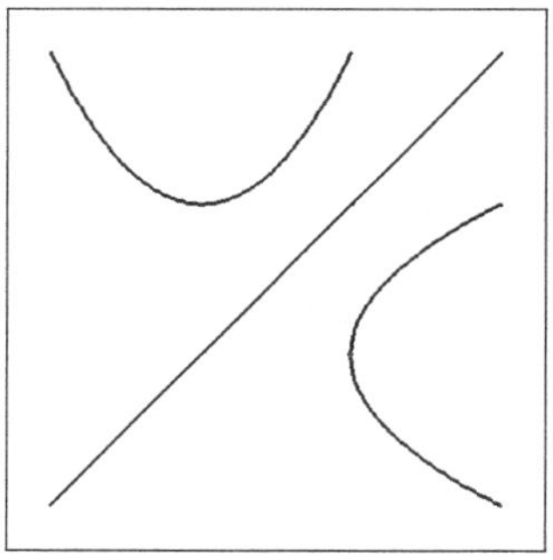

그림 3.13: $y = x^2 + 1$의 그래프와 대칭 그래프

만약 이 함수가 역함수를 갖는다면 대칭시킨 모양이 역함수의 그래프가 될 것입니다. 이 경우 점 $(0, 1)$에 대칭인 점 $(1, 0)$의 근방을 살펴봅시다. ([그림 3.13]에서 빨간점으로 표시된 부분입니다.) 이 점 근방에서는 곡선의 모양이 함수의 그래프의 모양이라 할 수 없습니다. 왜냐하면 $x > 1$이면 이에 대응되는 그래프 위의 $y$축의 값이 두 개이기 때문입니다.[7]

다음은 평균값 정리mean value theorem입니다.

[7]함수 $y = f(x)$는 각 $x$에 대응되는 $y$의 값이 유일해야 합니다.

> **닫힌 구간 $a \le x \le b$에서 함수가 미분가능하면 다음 식을 만족하는 값 $c$가 구간 내에 존재합니다.**
>
> $$f'(c) = \frac{f(b) - f(a)}{b - a} \tag{3.3.7}$$

이 정리는 함수의 순간 변화율이 전체 구간의 평균 변화율과 같아지는 점이 존재한다는 것을 의미합니다. [그림 3.14]는 구간 $-1 \le x \le 1.2$에서 함수 $y = x^3 - x - 3/2$의 그래프를 그린 것입니다.

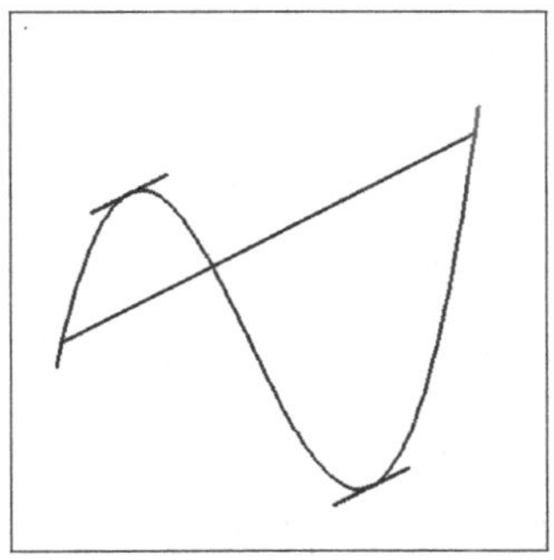

그림 3.14: 평균값 정리

이 함수의 평균 변화율은 $0.24$입니다. 아래의 두 점에서 함수의 순간 변화율, 즉 미분은 $0.24$와 같아집니다.

$$c = -\sqrt{\frac{1 + 0.24}{3}}, \quad \sqrt{\frac{1 + 0.24}{3}}$$

[그림 3.14]는 함수의 그래프와 함께 평균 변화율을 기울기로 갖는 선분과 위 두 점에서의 접선을 그린 것입니다. 이를 조금 더 일반적인 형태로 바꾸면 다음과 같습니다.

다음은 코시의 평균값 정리Cauchy's mean value theorem입니다.

> **닫힌 구간 $a \le x \le b$에서 함수 $f, g$가 미분가능하면 다음 식을 만족하는 값 $c$가 구간 내에 존재합니다.**
>
> $$\frac{f'(c)}{g'(c)} = \frac{f(b) - f(a)}{g(b) - g(a)} \tag{3.3.8}$$

이 정리는 다음 절 §3.4에서 소개할 테일러 급수를 이해하는데 중요한 역할을 합니다. 만약 $g(x) = x$라 두면 코시의 평균값 정리는 앞서 소개한 평균값 정리 (3.3.7)과 같아집니다. 이 정리를 매개 곡선parametric curve을 통해 기하학적으로 이해해 봅시다.

좌표 평면 위를 움직이는 한 점을 상상해 봅시다. 시간 $t$에서 이 점의 $x, y$ 좌표가 각각 함수 $g(t), f(t)$로 주어졌다고 해 봅시다. 이를 시간 $t$에 좌표점 $(g(t), f(t))$을 대응시키는 함수로 생각하면 아래와 같이 쓸 수 있습니다.

$$c(t) = (g(t), f(t)) \tag{3.3.9}$$

여기서 $t$의 범위, 즉 함수 $c$의 정의역은 $a \le t \le b$입니다. 이러한 함수를 매개 곡선이라 합니다. (관례적으로 매개 곡선으로 만들어지는 좌표 평면 위의 곡선 또한 매개 곡선이라 합니다.) 변수 $t$를 매개 변수parameter라 하고, 각 함수 $g(t)$, $f(t)$를 성분 함수coordinate function라 합니다.

각 시간 $t$에서의 미분 $g'(t)$와 $f'(t)$는 각각 $x, y$축 방향으로의 속도를 의미합니다. 코시의 평균값 정리 (3.3.8)의 왼쪽은 매개 곡선 위를 움직이는 점의 $x$축 방향의 속도와 $y$축 방향의 속도의 비율을 가리킵니다. 이는 곡선의 접선의 기울기와 같습니다. 그리고 우변은 시작과 끝지점 사이의 $x, y$ 좌표의 변화량의 비율을 가리킵니다. 이는 두 점을 잇는 선분의 기울기와 같습니다.

정리하면 코시의 평균값 정리는 매개 곡선의 한 점에서 접선의 기울기가 시작점과 끝점을 잇는 선분의 기울기와 같아진다는 의미입니다. 한 예로 구간 $-\dfrac{\pi}{4} \le t \le \dfrac{3\pi}{4}$에 정의된 아래의 매개 곡선을 살펴봅시다. (이 매개 곡선은 단위원의 원주의 일부입니다.)

$$c(t) = (\cos t, \sin t)$$

이 매개 곡선은 $\left(\dfrac{1}{\sqrt{2}}, -\dfrac{1}{\sqrt{2}}\right)$에서 출발하여 $\left(-\dfrac{1}{\sqrt{2}}, \dfrac{1}{\sqrt{2}}\right)$로 끝나며, 단위원 위를 반시계 방향으로 $1$의 속도[8]로 움직이는 점의 움직임을 나타냅니다. 매개 곡선의 양 끝점을 잇는 선분의 기울기는 $-1$이고, 이는 $t = \pi/4$에서 접선의 기울기와 같습니다. ([그림 3.15]를 참고하세요.)

[8] **§2.2**의 삼각함수의 정의에 따른 것입니다.

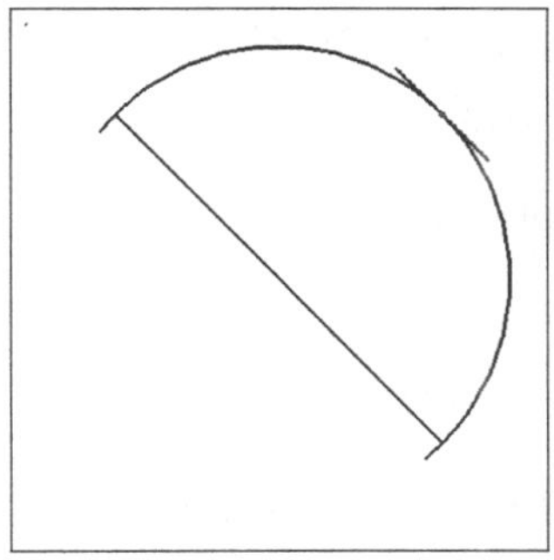

그림 3.15: 코시의 평균값 정리

마지막으로 로피탈의 정리l'Hopital's theorem를 살펴봅시다.

**함수 $f(t)$, $g(t)$가 $t \to \infty$일 때 모두 무한대로 발산하고 항상 미분가능할 때, 아래의 등식이 성립합니다.**[a]

$$\lim_{x\to\infty} \frac{f(t)}{g(t)} = \lim_{x\to\infty} \frac{f'(t)}{g'(t)} \tag{3.3.10}$$

[a]두 극한이 모두 존재할 때만 성립합니다.

이를 이용하면 멱함수 $x^n$ ($n$은 자연수), 지수함수 $\exp(x)$, 그리고 로그함수 $\log(x)$의 크기가 증가하는 속도를 아래와 같이 비교할 수 있습니다.[9]

$$x^n \ll \exp(x) \ll \log(x)$$

이를 다르게 표현하면 아래와 같습니다.

$$\lim_{x\to\infty} \frac{x^n}{\exp(x)} = \lim_{x\to\infty} \frac{\log x}{x^n} = 0$$

로피탈의 정리 (3.3.10)에 대입하여 이를 확인해 봅시다.

$$\lim_{x\to\infty} \frac{x_n}{\exp x} = \lim_{x\to\infty} \frac{nx^{n-1}}{\exp x} = \cdots \lim_{x\to\infty} \frac{n!}{\exp x} = 0$$
$$\lim_{x\to\infty} \frac{\log x}{x^n} = \lim_{x\to\infty} \frac{1/x}{nx^{n-1}} = 0$$

로피탈의 정리 (3.3.10)이 성립하는 이유도 매개 곡선의 관점에서 이해할 수 있습니다.

[9]≪는 왼쪽의 함수가 오른쪽의 함수보다 상대적으로 매우 천천히 증가한다는 것을 의미합니다.

시간 $t$가 커짐에 따라 원점에서 무한히 멀어지는 매개 곡선 $c(t)$를 생각해 봅시다. 이 매개 곡선의 성분 함수를 식 (3.3.9)와 같이 각각 $g(t), f(t)$라 해 봅시다. 원점 $(0,0)$과 시간 $t$일 때의 점을 잇는 선분의 기울기는 아래와 같습니다.

$$\frac{f(t)-0}{g(t)-0}=\frac{f(t)}{g(t)} \tag{3.3.11}$$

이 때 점이 움직이는 속도는 $x, y$축 방향으로 각각 $g'(t), f'(t)$이고, 이 둘의 비율은 매개 곡선의 접선의 기울기와 같습니다.

$$\frac{f'(t)}{g'(t)} \tag{3.3.12}$$

만약 $t$가 무한히 커질 때 선분의 기울기 (3.3.11)과 접선의 기울기 (3.3.12)가 모두 존재한다면 그 둘은 모두 매개 곡선의 점근선asymptote의 기울기에 수렴해야 합니다. 이것이 로피탈의 정리 (3.3.10)의 의미입니다.

로피탈의 정리의 다른 형태도 있습니다.

> **함수 $f(t)$, $g(t)$가 $t \to a$일 때 모두 무한대로 발산하고 항상 미분가능하다고 가정합시다. 아래의 양변의 극한이 존재하면 그 둘은 서로 같습니다.**
>
> $$\lim_{t\to a}\frac{g(t)}{f(t)}=\lim_{t\to a}\frac{g'(t)}{f'(t)} \tag{3.3.13}$$

$f(t), g(t)$가 $t \to a$일 때 (혹은 $t \to \infty$ 일 때) 모두 $0$으로 수렴하여도 식 (3.3.10), (3.3.13)과 같은 결과가 성립합니다. 이를 이용하면 제거가능한 불연속점removable discontinuity을 판별할 수 있습니다. 예를 들어, 아래의 함수를 생각해 봅시다.

$$f(x)=\begin{cases}\dfrac{\sin x}{x} & x\neq 0\\[2ex] 0 & x=0\end{cases} \tag{3.3.14}$$

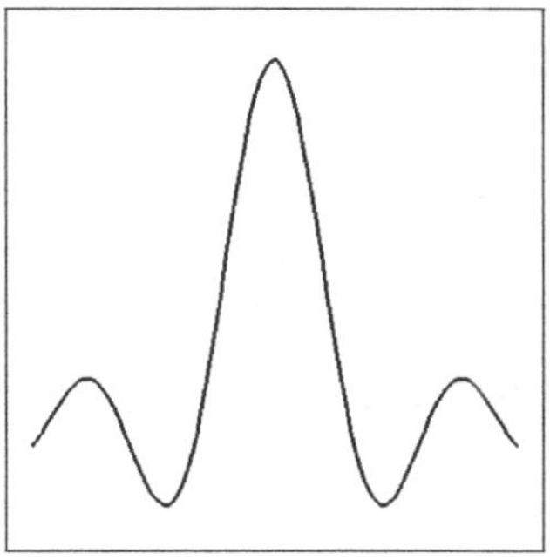

그림 3.16: $\boldsymbol{y = \dfrac{\sin(x)}{x}}$ 의 그래프

**§3.1** 에서 계산하였듯이 $x = 0$ 근방에서 함숫값은 $\mathbf{1}$에 수렴합니다. 이는 로피탈의 정리 (3.3.13)으로도 보일 수 있습니다.

$$\lim_{x \to 0} \frac{\sin x}{x} = \lim_{x \to 0} \frac{\cos x}{1} = 1$$

함수 (3.3.14)가 연속이 되려면 $f(0) = 1$로 정의하면 됩니다. 즉, 함수 (3.3.14)는 점 $x = 0$ 에서 불연속이지만, 함숫값을 재정의하여 연속이 되도록 할 수 있습니다.

## 3.4 값을 근사하기: 테일러 급수Taylor series

어떤 함수가 미분가능할 뿐 아니라 그것의 도함수가 연속이면 연속적으로 미분가능continuously differentiable하다고 합니다.[10] 함수가 연속적으로 미분가능하다는 것은 도함수의 미분계수를 구하는 필요조건입니다. 도함수의 도함수를 이계 도함수second derivative라고 하고 아래와 같이 표기합니다.

$$f''(x), \quad \frac{d^2}{dx^2}f(x), \quad \frac{d^2f}{dx^2}(x)$$

참고로 이계 도함수가 연속이면 본래의 함수를 $C^2$-급class $C^2$이라고 합니다. 이렇게 $n$번 미분하여 얻은 함수를 $n$계 도함수nth derivative라 하고 아래와 같이 표기합니다. (함수 자기 자신은 $0$계 도함수입니다.)

$$f^{(n)}(x), \quad \frac{d^n}{dx^n}\bigg| f(x), \quad \frac{d^nf}{dx^n}$$

만약 $n$계 도함수가 존재하고 연속이면, 원래의 함수 $f$를 $C^n$-급class-$C^n$ 함수라 합니다. 더 나아가 모든 자연수 $n$에 대해 $n$계 도함수가 존재하면 그 함수를 $C^\infty$-급class-$C^\infty$ 혹은 부드러운smooth 함수라 합니다. 앞 장 §2에서 소개한 다항함수, 지수함수, 삼각함수는 모두 부드러운 함수의 예입니다. (다항함수의 경우 유한번 미분하여 상수함수 $0$이 되지만, 상수함수는 연속이고 여전히 미분가능한 함수입니다.)

**함수가 부드럽다는 것의 의미를 생각해 봅시다.**

함수가 부드럽다는 것은 아주 강력한 조건이지만, 직관적으로 잘 이해되는 표현은 아닙니다. 이를 이해하기 위해 연속의 개념부터 다시 생각해 봅시다. 예를 들어, 함수가 연속이라는 것은 그것의 그래프가 끊어지지 않고 연결된다는 것을 의미합니다. 이는 앞 절 §3.1에서 보았듯이 연결된 선의 이미지로 표현됩니다. 그리고 미분가능하다는 것은 절댓값 함수 (3.2.7)의 그래프 [그림 3.8]에서 보았듯이 곡선 내의 꺾어진 모서리의 유무로 판별이 가능합니다. 그러나 그 이상의 부드러움을 그래프를 통해 직관적으로 파악하는 것은 쉽지 않습니다. 예를 들어, 아래의 두 함수는 모두 미분가능한 함수이지만, 하나는 $C^1$-급이고 다른 하나는 $C^1$-급이 아닙니다.

[10] 이를 $C^1$-급class $C^1$ 함수라고도 합니다.

(참고로 함수 $f_1$은 §**3.2**에서 소개한 함수 (3.2.8)과 같은 것입니다.)

$$f_1(x) = \begin{cases} x^2 \sin \dfrac{1}{x} & x \neq 0 \\ 0 & x = 0 \end{cases} \tag{3.4.1}$$

$$f_2(x) = \begin{cases} x^3 \sin \dfrac{1}{x} & x \neq 0 \\ 0 & x = 0 \end{cases} \tag{3.4.2}$$

[그림 3.17]과 [그림 3.18]은 각각 함수 $f_1$과 $f_2$의 그래프를 동일한 크기의 좌표 평면의 영역 $(-1 \leq x \leq 1,\ -1 \leq y \leq 1)$에 그린 것입니다.

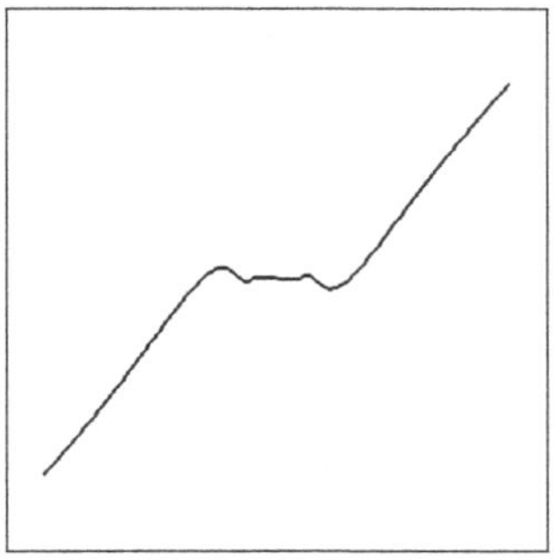

그림 3.17: 함수 $f_1$ (3.4.1)의 그래프

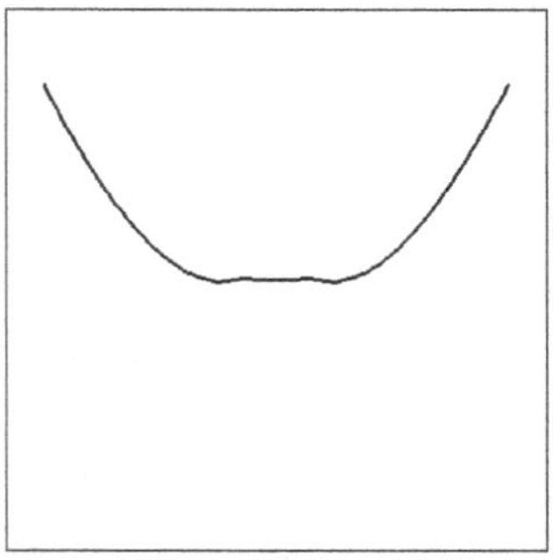

그림 3.18: 함수 $f_2$ (3.4.2)의 그래프

눈으로는 이 두 함수의 그래프가 모두 부드러워 보입니다. 이 두 함수의 차이를 확인하려면 각 함수의 (일계) 도함수를 구해보아야 합니다.

$$f_1'(x) = \begin{cases} 2x \sin \dfrac{1}{x} - \sin \dfrac{1}{x} & x \neq 0 \\ 0 & x = 0 \end{cases}$$

$$f_2'(x) = \begin{cases} 3x^2 \sin \dfrac{1}{x} & x \neq 0 \\ 0 & x = 0 \end{cases}$$

도함수 $f_1'(x)$는 $x \neq 0$일 때 항 $\sin \dfrac{1}{x}$이 $-1$과 $1$ 사이를 진동합니다. 따라서 $x$가 $0$으로 가까이 갈 때 도함수 $f_1'(x)$는 수렴하지 않습니다. 즉, $f_1(x)$가 $0$으로 수렴할 때 함숫값 변화의 방향과 속도는 무한히 급격하게 변합니다.

반면 $x$가 $0$에 가까워질 때 도함수 $f_2'(x)$는 $0$으로 수렴합니다. 함수 $f_2(x)$ 또한 $0$으로 진동하면서 수렴하고, 수렴하는 방향도 바뀌지만, 그 진동의 크기는 점점 $0$에 가까워집니다. 이런 의미로 $f_2$는 $f_1$보다 더 부드럽게 수렴한다 할 수 있습니다.

> **부드러운 함수는 선형 근사보다 더 좋은 근사 방법을 가집니다.**

앞서 미분가능성은 좋은 선형 근사식이 존재하는 것과 같은 개념이라고 하였습니다. 하지만 선형 근사식이 절대적으로 가장 좋은 근사 방법은 아닙니다. 예를 들어, 지수함수 $\exp(x)$와 $x = 0$에서의 선형 근사식 $y = x + 1$을 살펴봅시다. [그림 3.19]는 선형 근사식의 오차가 $x$가 $0$에서 멀어질수록 오차가 무한히 커지는 것을 보여줍니다.

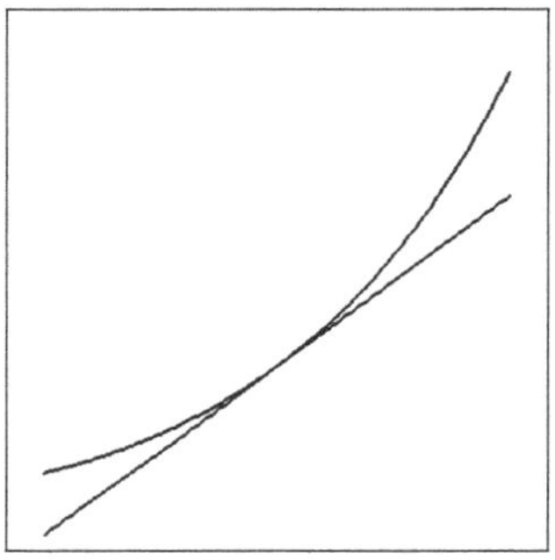

그림 3.19: 지수함수의 선형 근사

이는 선형 근사식이 일차식이기 때문에 어쩔 수 없이 발생합니다. 그러면 일차식이 아닌 이차식quadratic formulat을 이용해서 근사하면 조금 더 정확할까요?

아래 형태의 이차식 중에서 $x = 0$ 근방에서 사인 함수를 가장 잘 근사하는 것을 찾아봅시다.

$$P_2(x) = a_0 + a_1 x + a_2 x^2$$

이 함수의 그래프는 지수함수의 그래프를 닮아야 합니다. 그래프의 모양은 함수의 증감에 의해 결정되고, 함수의 증감은 미분으로 결정됩니다. 따라서 $P_2(x)$와 $\exp(x)$의 미분을 최대한 같아지도록 하는 계수 $a_0, a_1, a_2$를 찾아야 합니다.

$$\sin(0) = a_0 = 0$$

$$\left.\frac{d}{dx}\right|_0 \sin(x) = \cos(0) = a_1 = 1$$

$$\left.\frac{d^2}{dx^2}\right|_0 \sin(x) = -\sin(0) = 0 = 2a_2$$

즉, 아래의 이차식이 지수함수를 잘 근사할 것입니다.

$$P_2(x) = \frac{x^2}{2} + x + 1$$

[그림 3.20]은 이 이차식의 그래프와 함수의 그래프를 $x = 0$ 근방에서 함께 그린 것입니다. 선형 근사식의 그래프 [그림 3.19]와 비교하면 지수함수의 그래프에 좀 더 근접한 것을 볼 수 있습니다.

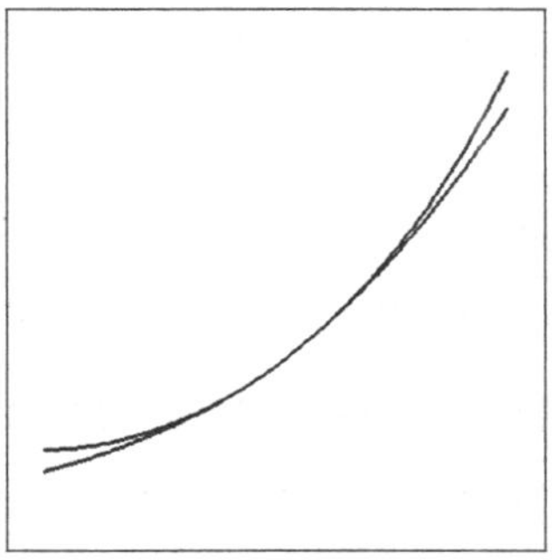

그림 3.20: 지수함수의 이차 근사

이를 삼차식cubic formula으로 확장해 봅시다. 삼차항의 계수 $a_3$를 다음과 같이 구할 수 있습니다.

$$\left.\frac{d^3}{dx^3}\right|_0 a_3x^3 = 6a_3 = \left.\frac{d^3}{dx^3}\right|_0 \exp(x) = \exp(0) = 1$$

따라서 삼차 근사식은 아래와 같습니다.

$$P_3(x) = \frac{x^3}{6} + x^2 + x + 1$$

[그림 3.21]에서 삼차 근사식의 그래프가 이차 근사식보다 더 근접한 것을 알 수 있습니다.

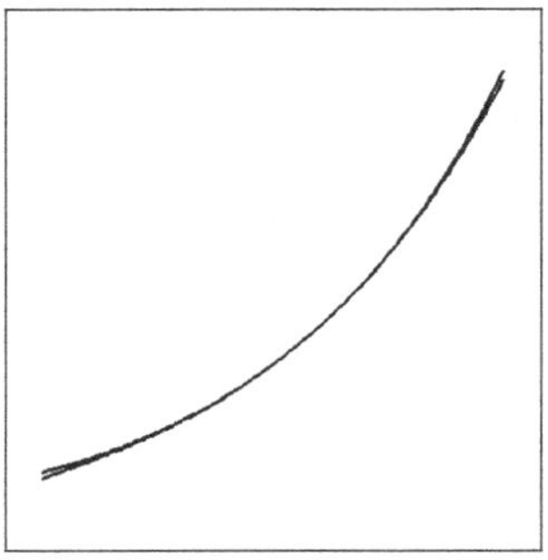

그림 3.21: 지수함수의 삼차 근사

이런 식으로 차수를 높여가면서 고차 근사식을 찾는다고 생각해 봅시다. $n$차 근사식의 형태는 아래와 같을 것입니다.

$$P_n(x) = \frac{x^n}{n!} + \frac{x^{n-1}}{(n-1)!} + \cdots + \frac{x^2}{2!} + x + 1$$

이 다항식은 앞 절 §2.1에서 소개한 지수함수의 멱급수 공식 (2.1.7)과 매우 닮아있습니다. 최고 차수 $n$을 무한히 늘리면 이 다항식은 지수함수의 멱급수에 수렴할 것입니다. 즉, 다항식 $P_n(x)$는 $n$이 무한히 커질수록 모든 $x$에 대해 지수함수의 값 $\exp(x)$에 수렴합니다.

$$P_n(x) \to \exp(x)$$

**함수 $f(x)$가 $x = c$에서 $n$번 미분가능할 때, 다음과 같은 멱급수를 테일러 급수Taylor series라 합니다.**

$$f(c) + f'(c)(x-c) + \frac{f''(c)}{2}(x-c)^2 + \cdots + \frac{f^{(n)}(c)}{n!}(x-c)^n + \cdots$$

테일러 급수에 등장하는 $n$차 이하의 항을 모은 것을 테일러 $n$차 다항식Taylor polynomial of degree $n$이라 합니다.

$$P_n(x) = f(c) + f'(c)(x-c) + \frac{f''(c)}{2}(x-c)^2 + \cdots + \frac{f^{(n)}(c)}{n!}(x-c)^n \quad (3.4.3)$$

이번에는 사인 함수 $\sin(x)$의 테일러 다항식을 몇 개 구해봅시다.

$$P_0(x) = 0,$$

$$
\begin{aligned}
P_1(x) &= 0 + 1 \cdot x = x, \\
P_2(x) &= 0 + 1 \cdot x + 0 \cdot x^2 = x, \\
P_3(x) &= 0 + 1 \cdot x + 0 \cdot x^2 - \frac{1}{6}x^3 = x - \frac{1}{6}x^3, \\
P_4(x) &= 0 + 1 \cdot x + 0 \cdot x^2 - \frac{1}{6}x^3 + 0 \cdot x^4 = x - \frac{1}{6}x^3, \\
P_5(x) &= 0 + 1 \cdot x + 0 \cdot x^2 - \frac{1}{6}x^3 + 0 \cdot x^4 + \frac{1}{120}x^5 = x - \frac{1}{6}x^3 + \frac{1}{120}x^5
\end{aligned} \tag{3.4.4}
$$

차수 $n$이 증가할수록 §**2.2**에서 소개한 삼각함수의 멱급수 (2.2.3)에 수렴하는 것을 볼 수 있습니다. 즉, 삼각함수의 경우에도 테일러 다항식을 통해 함숫값을 정확히 근사할 수 있습니다.

$$P_n(x) \to \sin(x)$$

> **함수 $f(x)$가 $x = c$에서 $n$번 미분가능할 때, 아래의 멱급수를 테일러 급수라 합니다.**
>
> $$P_n(x) = f(c) + f'(c)(x-c) + \frac{f''(c)}{2}(x-c)^2 + \cdots + \frac{f^{(n)}(c)}{n!}(x-c)^n$$

**테일러 급수에 대해 알아봅시다.**

테일러 다항식을 이용하면 함숫값을 잘 근사할 수 있다고 하였습니다. 여기서 몇 가지 의문이 생깁니다.

1. 테일러 다항식의 차수가 높아지면 근삿값이 오차가 항상 작아지나요?
2. 충분히 정확한 근삿값을 구하기 위한 차수 $n$은 어떻게 결정할 수 있을까요?
3. 테일러 급수는 수렴 중심 $x = c$에서 얼마나 떨어진 곳까지 함숫값을 근사할 수 있을까요?

첫 번째 질문을 위해 테일러의 정리Taylor's theorem를 살펴봅시다.

> **함수 $f(x)$가 $x = c$ 근방에서 $n+1$번 미분가능하면, $x = c$ 근방의 한 점 $x = d$ 에서의 함숫값을 테일러 다항식 $P_n(x)$로 근사하였을 때, 그 오차는 아래와 같습니다.**
>
> $$|f(d) - P_n(d)| = \left| \frac{f^{(n+1)}(c_1)}{(n+1)!}(x-c)^{n+1} \right| \tag{3.4.5}$$

여기서 $x = c_1$은 $c$와 $d$ 사이의 어떤 점입니다.

예시를 통해 이 정리를 이해해 봅시다. 사인 함수 $f(x) = \sin(x)$의 테일러 다항식 (3.4.4)를 이용하여 $x = 1$에서의 근삿값을 다음과 같이 구할 수 있습니다.

$$P_3(1) = 1 - \frac{1^3}{6} = \frac{5}{6} = 0.833333333\cdots$$

여기서 $\sin(1)$은 대략 다음과 같습니다.

$$\sin(1) = 0.84147098\cdots$$

따라서 오차는 대략 아래와 같습니다.

$$|\sin(1) - P_3(1)| = 0.008137651\cdots \tag{3.4.6}$$

테일러 정리 (3.4.5)는 이 오차를 $0 \le x \le 1$ 사이의 한 점 $x = c_1$에서 아래의 식을 통해 찾을 수 있다는 것을 말해줍니다. (이 경우 대략 $c_1 \approx 0.947$입니다.)

$$\frac{1}{4!}\left(\left.\frac{d^4}{dx^4}\right|_{x=c_1}\sin(x)\right)(1-0)^4 = \frac{\sin(c_1)}{24} \tag{3.4.7}$$

중요한 것은 $c_1$의 정확한 값을 구하는 것이 아닙니다. 점 $c_1$이 수렴 중심 0과 1 사이의 어떤 값이라는 사실이 중요합니다. 즉, 식 (3.4.7)의 마지막에 정리한 $\frac{\sin(c_1)}{24}$의 값이 대략 아래의 범위에 속한다는 것이 중요합니다.

$$-0.041666 \le \frac{\sin(c_1)}{24} \le 0.041666$$

다시 말해 오차가 아무리 커 보아야 $0.041667$을 넘지 않는다는 것이고 이는 식 (3.4.6)을 통해 사실임을 알 수 있습니다.

이제 두 번째 질문을 생각해 봅시다. 구간 $c \le x \le d$ 사이에서 모든 $n$계 도함수의 크기가 $M$을 넘지 않는다는 사실을 안다고 가정해 봅시다.

$$\left|f^{(n)}(x)\right| \le M, \quad n = 0, 1, 2, \cdots$$

이제 테일러 다항식 $P_n$ (3.4.3)으로 $f(d)$의 근삿값을 찾아 봅시다. 다항식의 값 $P_n(d)$와 실제

값의 오차가 역치 $\varepsilon$를 넘지 않으려면 차수 $n$은 얼마나 커야 할까요? 테일러 정리의 식 (3.4.5)에 의해 아래의 부등식을 만족하는 차수 $n$을 찾으면 됩니다. (앞 절 §**2.1**, §**2.2**에서 구현한 Go 함수 `Exp`, `Sin`은 이러한 테일러 정리의 성질을 이용하였습니다.)

$$\frac{M|d-c|^{n+1}}{(n+1)!} \leq \varepsilon$$

그러면 테일러 다항식의 차수를 높이면 근삿값이 항상 더 정확해지는 것일까요? 항상 그렇지 않습니다. 다음 함수를 생각해 봅시다.

$$f(x) = \begin{cases} \exp\left(-\frac{1}{x^2}\right) & x \neq 0 \\ 0 & x = 0 \end{cases} \tag{3.4.8}$$

이 함수는 $x = 0$에서 무한번 미분가능합니다. 그러나 모든 $n$계 미분은 $0$이고, 테일러 급수의 모든 계수가 $0$이 됩니다. (계산 방법은 수학 원리 3.3을 참고하세요.) 이 말은 테일러 급수가 존재하고 수렴반경은 무한대 $R = \infty$이지만 영함수zero function와 같다는 뜻입니다. 따라서 테일러 다항식의 차수를 아무리 늘리더라도 오차는 항상 일정합니다. 사실 이러한 함수는 지수함수와 사인 함수와 같이 테일러 급수가 함숫값에 수렴하지 않습니다.

> **중심 $x = c$에서 함수 $f(x)$의 테일러 급수가 $x = c$의 근방에서 함숫값으로 수렴할 때, 이 점 $x = c$를 $f(x)$의 해석점analytic point이라 합니다.**
>
> $$f(x) = \sum_{n=0}^{\infty} \frac{f^{(n)}(a)}{n!}(x-a)^n$$

만약 정의역 구간의 모든 점이 해석점이라면 이러한 함수를 해석 함수analytic function라 합니다. 함수 (3.4.8) 또는 함수 (3.4.1), (3.4.2)와 같은 몇 가지 경우를 제외하면 지금까지 살펴본 대부분의 함수는 해석 함수입니다.

지금까지 예시로 살펴본 테일러 급수는 모두 수렴 반경이 무한대 $R = \infty$이었습니다. 마지막 세 번째 질문에 답하기 위해 수렴 반경이 유한한 테일러 급수를 살펴봅시다. $x = 1$에서 로그함수 $\log(x)$의 테일러 급수를 구해봅시다. 처음 몇 개의 $n$에 대해 $n$계 도함수의 값은 아래와 같습니다.

$$\begin{aligned}\log(1) &= 0\\ \left.\frac{d}{dx}\right|_{x=1} \log(x) &= \left.\frac{1}{x}\right|_{x=1} = 1\\ \left.\frac{d^2}{dx^2}\right|_{x=1} \log(x) &= \left.\frac{-1}{x^2}\right|_{x=1} = -1\\ \left.\frac{d^3}{dx^3}\right|_{x=1} \log(x) &= \left.\frac{2}{x^3}\right|_{x=1} = 2\\ \left.\frac{d^4}{dx^4}\right|_{x=1} \log(x) &= \left.\frac{-6}{x^4}\right|_{x=1} = -6\end{aligned}$$

이를 일반화하면 아래와 같이 $n$계 미분을 얻을 수 있습니다.

$$\left.\frac{d^n}{dx^n}\right|_{x=1} \log(x) = (-1)^{n-1}(n-1)!$$

따라서 테일러 급수는 아래와 같습니다.[11]

$$\sum_{n=1}^{\infty} \frac{(-1)^{n-1}(n-1)!}{n!}(x-1)^n = \sum_{n=1}^{\infty}(-1)^{n-1}\frac{(x-1)^n}{n}$$

이 멱급수의 수렴반경은 $1$입니다. 다시 말해 구간 $(0, 2)$ 바깥의 점에서 테일러 다항식은 오른쪽 그림과 같이 로그함수의 값을 근사하지 못합니다.

**해석점을 중심으로 전개한 테일러 급수는 수렴 반경 내에서 함숫값에 수렴합니다.**

한 가지 주의할 점은 수렴 반경 내에 있다고 해서 테일러 급수가 항상 함숫값을 가장 효율적으로 근사하는 것은 아니라는 사실입니다. 로그함수의 고차 테일러 다항식을 몇 개 그려보면, 수렴 반경의 경계 $x = 2$ 근방에서 근삿값의 오차가 무한히 커지는 것을 볼 수 있습니다.

[11]여기서 $0! = 1$으로 가정합니다.

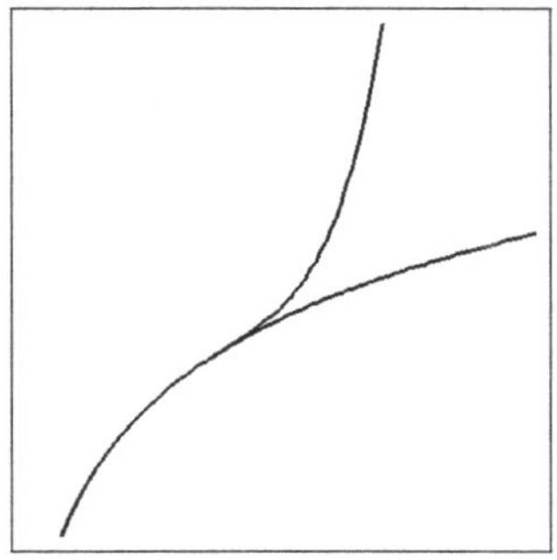

그림 3.22: 로그함수와 5차 테일러 다항식

물론 테일러 다항식의 차수를 더욱 높이면 더 정확한 근삿값을 구할 수 있을지도 모릅니다. 하지만 이러한 직접적인 방법보다 앞 절 §**2.1**의 식 (2.1.10)을 이용한 것처럼 효율적인 방법을 찾는 것이 때로는 더 효과적일 수 있습니다.

**수학 원리 3.3**

아래와 같이 정의된 함수의 미분가능성을 살펴봅시다.

$$f(x) = \begin{cases} \exp\left(-\frac{1}{x^2}\right) & x \neq 0 \\ 0 & x = 0 \end{cases} \tag{3.4.9}$$

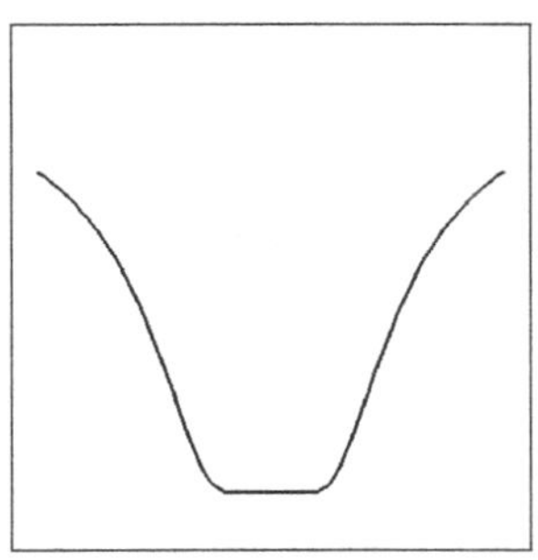

그림 3.23: 함수 (3.4.9)의 그래프

먼저 이 함수는 $x = 0$에서 연속입니다.

$$\lim_{x\to 0} \exp\left(-\frac{1}{x^2}\right) = \lim_{t\to\infty} \frac{1}{\exp(t^2)} = 0$$

이제 이 함수의 일계 도함수를 구해 봅시다. $x \neq 0$인 경우는 연쇄 법칙을 사용하면 됩니다.

$$\frac{d}{dx}\bigg|\exp\left(-\frac{1}{x^2}\right) = \frac{2}{x^3}\exp\left(-\frac{1}{x^2}\right)$$

$x = 0$인 경우는 미분계수를 직접 구해야 합니다. 이 과정에서 로피탈의 정리 (3.3.10)을 사용합니다.

$$\lim_{h\to 0}\frac{\exp\left(-\frac{1}{h^2}\right)}{h} = \lim_{t\to\infty}\frac{t}{\exp(t^2)} = \lim_{t\to\infty}\frac{1}{2t\exp t^2} = 0$$

정리하면 함수 (3.4.9)의 도함수는 다음과 같습니다.

$$f'(x) = \begin{cases} \dfrac{2}{x^3}\exp\left(-\dfrac{1}{x^2}\right) & x \neq 0 \\ 0 & x = 0 \end{cases} \tag{3.4.10}$$

이 함수의 연속성을 조사해 봅시다. $x \neq 0$인 경우 함수 (3.4.10)은 미분가능한 함수인 다항식과 지수함수의 합성이므로 자명하게 연속입니다[a]. $x = 0$인 경우는 로피탈의 정리 (3.3.10)을 이용하여 연속임을 증명할 수 있습니다.

$$\lim_{x\to 0}\frac{2}{x^3}\exp\left(-\frac{1}{x^2}\right) = \lim_{t\to\infty}\frac{2t^3}{\exp(t^2)} = \lim_{t\to\infty}\frac{6t^2}{2t\exp(t^2)} = \lim_{t\to\infty}\frac{3}{2t\exp(t^2)} = 0$$

이를 계속하면 모든 $n$계 미분이 0임을 보일 수 있습니다.

[a]미분가능한 함수는 연속입니다.

# 제 4 장
# 적분integration의 의미

미국의 서부지역에서 자라는 세콰이어(sequoia) 종류의 나무는 평균 높이가 약 70m 이고 밑등의 지름이 7m 정도 된다고 합니다. 이렇게 큰 나무의 무게(혹은 부피)를 어떻게 측정할까요? 가장 쉬운 방법은 나무를 잘게 쪼개어 각 부분의 무게를 측정하는 것입니다. 나무를 파괴하지 않고 측정하려면 그 모양을 3차원 도형으로 모델링하여 근사할 수도 있습니다.

적분integral은 이와 같이 부피, 밀도, 무게 등의 양을 계산하기 위해 필요한 개념입니다. 이 장에서는 적분의 의미와 계산 방법을 알아보겠습니다.

## 4.1 잘게 잘라 계산하기: 적분integral의 계산

미분과 적분은 서로 다른 점보다 비슷한 점이 많습니다. 이 둘은 함수의 정보를 통해 계산할 수 있는 값으로서 극한을 통해 정의됩니다. 적분의 개념은 이차원 영역의 넓이를 구하는 것으로부터 시작합니다.

> 이차원 영역two dimensional region**이란 이차원 점을 모아놓은 집합으로서 각 점의** 근방neighborhood**을 포함하는 것을 말합니다.**

이차원 점 $p$의 근방이란 그 점의 주변을 말합니다. 가장 간단한 근방의 형태는 원반disk 입니다. 예를 들어, 중심이 $p = (a, b)$이고 반지름이 $\varepsilon$인 원반은 다음과 같이 표현할 수 있습니다.

$$\mathbb{B}_\varepsilon(p) = \{(x, y) \in \mathbb{R}^2 \mid \sqrt{(x - a_1)^2 + (y - b)^2} < \varepsilon\}$$

어떤 집합 $A$가 이차원 영역이라면 집합 $A$의 원소는 모두 이차원 점이고, 각 점을 중심으로 작은 반지름을 가진 원반이 집합 $A$에 속해야 합니다. 예를 들어, 반지름이 1이고 중심이 원점인 단위원unit disk의 내부 $\mathbb{D}$는 이차원 영역입니다.

$$\mathbb{D} = \{(x, y) \in \mathbb{R}^2 \mid \sqrt{x^2 + y^2} < 1\} \tag{4.1.1}$$

> 이차원 영역을 시각화해 봅시다.

이차원 영역의 경계란 그것의 경계점boundary point을 모두 모아놓은 것입니다. 예를 들어, 단위원의 내부 $\mathbb{D}$의 경계는 단위원 $\mathbb{S}$입니다.

$$\mathbb{S} = \{(x, y) \in \mathbb{R}^2 \mid x^2 + y^2 = 1\} \tag{4.1.2}$$

어떤 영역와 그것의 경계를 합쳐서 닫힌 영역closed region이라 부릅니다.[1] 어떤 영역을 그림으로 표시하려면 그것의 경계를 곡선으로 그리는 것이 효과적입니다. 예를 들어, 단위원의 내부 (4.1.1)과 그것의 경계 (4.1.2)를 그림으로 표시하려면 단위원 $\mathbb{S}$를 가리키는 곡선을 그려야 합니다. 이를 그리는 방법은 두 가지가 있습니다.

---

[1] 여기서 사용한 "영역"이라는 단어는 이차원 영역에서 사용한 "영역"과 다른 성질의 것으로 간주합니다.

1. 첫 번째 방법은 경계를 분리하여 각각의 조각을 함수의 그래프로 표시하는 것입니다. 예를 들어, 단위원 $\mathbb{S}$는 아래의 두 함수의 그래프로 둘러싸여 있습니다.

$$f_1(x) = \sqrt{1 - x^2}, \quad f_2(x) = -\sqrt{1 - x^2}, \quad x \in [-1, 1]$$

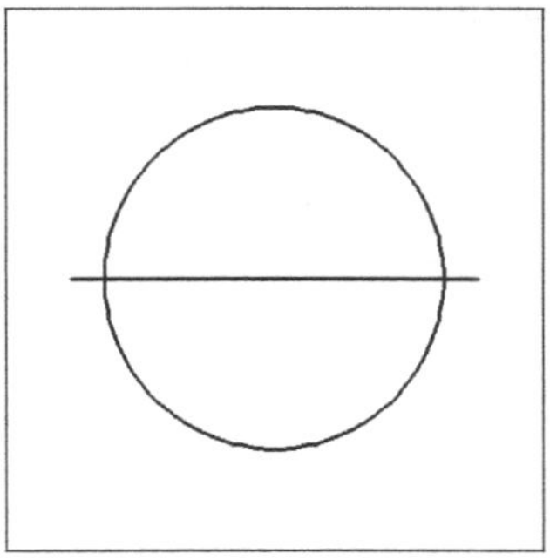

그림 4.1: 단위원의 경계를 나누는 방법

2. 두 번째 방법은 경계를 매개화parametrization하는 것입니다. 이는 §**3.3**에서 다룬 매개 곡선으로 영역을 감싸는 경계를 표현하는 것입니다. 예를 들어, 단위원의 원주는 다음과 같이 매개화할 수 있습니다.

$$p = (\cos(t), \sin(t)), \quad 0 \leq t \leq 2\pi$$

매개 곡선의 그래프를 그리기 위해 매개 곡선을 구조체로 정의해 봅시다.

코드 4.1

cal/parametric.go

```go
package cal

import "math"

type Curve struct {
    Interval [2]float64
```

**코드 설명**

구조체 Curve는 매개변수의 범위를 가리키는 필드 Interval과 각 좌표의 성분 함수를 가리키는 X, Y로 이루어져 있습니다.

구조체 Curve의 메소드 Graph를 정의해 봅시다.

cal/curve_graph.go

**코드 4.2**

```go
1  package cal
2
3  func (c Curve) Graph() Graph {
4      var graph Graph
5      tarr := Linspace(c.Interval[0], c.Interval[1], Nsub)
6      for i := 0; i < Nsub; i++ {
7          t0, t1 := tarr[i], tarr[i+1]
8          graph.Lines = append(graph.Lines, Line{
9              From: Point{X: c.X(t0), Y: c.Y(t0)},
10             To:   Point{X: c.X(t1), Y: c.Y(t1)},
11         })
12     }
13     return graph
14 }
```

**코드 설명**

함수 Graph는 매개 곡선의 그래프를 가리키는 구조체 Graph를 반환합니다.

라인 5: 매개 변수의 구간을 분할합니다. 분할의 개수는 function_graph.go에 정의된 상수 Nsub을 이용합니다.

라인 9-10: 그래프를 표현하는 선분 Line을 만듭니다. Curve.Graph가 Function.Graph와 다른 유일한 부분입니다.

이를 이용하여 구간 $-1 \le x \le 1$에서 정의된 다음 함수의 그래프와 $x$축으로 둘러싸인 영역을 그려봅시다.

$$f(x) = x^3 - x + 1.5, \quad x \in [-1, 1] \tag{4.1.3}$$

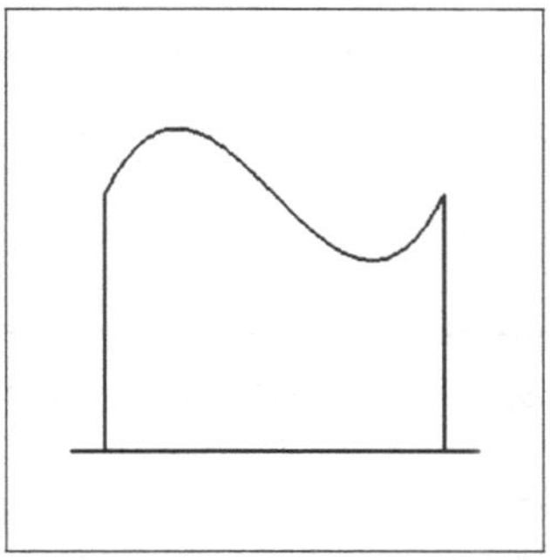

그림 4.2: 함수 (4.1.3)의 그래프 아래 영역

이 영역의 경계는 아래 네 개의 매개함수로 표현됩니다.

$$\begin{aligned} l_1(t) &= (t, f(t)), \quad -1 \le t \le 1 \\ l_2(t) &= (t, 0), \quad -1 \le t \le 1 \\ l_3(t) &= (-1, t), \quad 0 \le t \le f(-1) \\ l_4(t) &= (1, t), \quad 0 \le t \le f(1) \end{aligned}$$

[그림 4.2]는 각 매개함수의 그래프를 각각 그린 것을 합친 것입니다.

이와 같이 어떤 함수 $f(x)$의 그래프를 경계로 하여 정의한 영역을 그래프 아래 영역region under the graph이라 합니다.

**그래프 아래 영역의 넓이area를 계산해 봅시다.**

만약 함수가 상수 함수라면 그래프 아래 영역은 직사각형 모양이 됩니다. 이 경우 영역의 넓이는 구간의 길이와 함숫값을 곱하여 쉽게 구할 수 있습니다. 함수가 일차식으로 주어졌다면 그래프 아래 넓이는 사다리꼴 또는 삼각형의 넓이식을 통해 구할 수 있습니다. 그러면 일반적인 모양의 영역의 넓이를 어떻게 구할까요? 애초에 직사각형이나 삼각형의 조각으로 나뉘어지지 않는 영역이라면 그 넓이를 어떻게 정의해야 할까요?

여기서는 일단 넓이라는 개념은 직관적으로 자명하다고 가정하겠습니다. (엄밀한 넓이의 개념은 조금 뒤에 다시 정의해 봅시다.) 함수의 값이 항상 양수인 경우 그래프는 $x$축 위에 있습니다. 이 경우 [그림 4.2]와 같이 그래프 아래 영역의 넓이를 생각할 수 있습니다. 이를 줄여서 그래프 아래 넓이area under the graph라 하겠습니다. 만약 함숫값이 음수라면 영역은 그래프 아래가 아닌 위에 있습니다. 그러나 이 경우에도 그래프와 $x$축 사이의 영역을 여전히 그래프 아래 영역이라고 부르겠습니다. 함숫값이 양수인 경우 그래프 아래 넓이는 양수로, 음수인 경우는 음수로 정의하겠습니다.

**그래프 아래 넓이는 그래프 아래 영역을 간단하고 일정한 모양으로 잘게 분할partition하여 근사적으로 구할 수 있습니다.**

여기서 핵심은 영역을 일정한 모양으로 분할한다는 것입니다. 이 모양은 직사각형이 될 수도 있고, 사다리꼴이 될 수도 있으며, 이차함수의 그래프 아래 영역이 될 수도 있습니다. 먼저 직사각형으로 분할하는 방법을 생각해 봅시다. 그래프 아래 영역이 $x$축과 맞닿은 모서리는 직선 모양입니다. 이 모서리를 일정한 간격으로 분할하면 영역을 수직으로 자를 수 있습니다. 이는 함수의 정의역 구간 $[a, b]$를 분할하는 것과 같습니다. 분할은 아래와 같은 단조 (증가) 수열과 같습니다.

$$x_0 = a < x_1 < x_2 < \cdots < x_n = b$$

여기서 자연수 $n$은 분할의 개수를 나타내며 각각의 인덱스 $i = 0, \cdots, n-1$에 대하여 $i$번째 분할된 구간 $[x_i, x_{i+1}]$의 길이는 $i$번째 직사각형의 폭이 됩니다. 이를 $\Delta x_i$로 표기하겠습니다.

$$\Delta x_i = x_{i+1} - x_i, \quad i = 0, \cdots, n-1$$

이제 각 분할 $[x_i, x_{i+1}]$에서의 그래프 아래 영역을 직사각형 영역으로 근사하는 방법을 생각해 봅시다. 일반적으로 함수의 그래프는 평평한 직선 모양이 아니므로 직사각형으로 그래프 아래 영역을 완전히 덮는 것은 불가능합니다. 단, 가능한 한 그래프 아래 넓이와 비슷한 넓이를 가진 직사각형을 찾아야 합니다. 그래프 아래 넓이를 $\Delta A_i$라 하면, 직사각형의 폭은 $\Delta x_i$로 이미 주어져 있으므로, 넓이의 오차를 최대한 줄이는 직사각형의 높이 $h_i$를 찾아야 합니다.

$$\Delta A_i \approx h_i \Delta x_i \tag{4.1.4}$$

문제는 그래프 아래 넓이 $\Delta A_i$를 모른다는 것입니다. (만약 알고 있다면 이를 직사각형의 넓이로 근사할 필요가 없겠지요.) 그러면 어떻게 직사각형의 높이 $h_i$를 정할까요? 일단 $h_i$는 구간 $[x_i, x_{i+1}]$에서의 함수의 최솟값 $f_i^{\min}$과 최댓값 $f_i^{\max}$ 사이의 어떤 값이어야만 합니다.

$$f_i^{\min} \le h_i \le f_i^{\max} \tag{4.1.5}$$

직사각형이 이 범위를 벗어난 높이를 갖게 되면, 실제 함수의 그래프의 모양에 관계없이 직사각형이 더 덮거나 덜 덮는 부분이 존재하고, 이는 근사의 오차를 줄일 수 없게 만듭니다. 한편, 직사각형의 높이 $h_i$가 부등식 (4.1.5)를 만족하더라도 그래프 아래 영역을 더 덮거나 덜 덮는 부분이 존재할 수 있습니다. 그러면 어떤 $h_i$를 선택해야 할까요? 이 문제를 해결하기 위해 영역의 넓이라는 개념의 의미를 생각해 봅시다.

**어떤 영역의 넓이는 직사각형 분할을 통해 근사할 수 있는 양입니다.**

어떤 영역의 넓이를 정의하려면 그것이 어떤 모양의 직사각형으로 분할되더라도 항상 같은 값을 가리켜야 합니다. 부등식 (4.1.5)와 같이 직관적으로 타당한 조건 하에, 영역을 분할하여 넓이를 구하는 상황을 다시 생각해 봅시다. 그래프 아래의 넓이 $A$는 각 분할된 영역의 넓이 $\Delta A_i$의 합과 같습니다.

$$A = \sum_{i=0}^{n-1} \Delta A_i \tag{4.1.6}$$

각 $\Delta A_i$는 식 (4.1.4)와 같이 직사각형의 넓이 $h_i \Delta x_i$에 의해 근사됩니다. 다시 한 번 부등식 (4.1.5)에 의해 $\Delta A_i$는 아래의 범위의 어떤 값임을 알 수 있습니다.

$$f_i^{\min} \Delta x_i \le \Delta A_i \le f_i^{\max} \Delta x_i$$

이를 이용하여 식 (4.1.6)을 다시 써 봅시다.

$$L_n = \sum_{i=0}^{n-1} f_i^{\min} \Delta x_i \le A \le \sum_{i=0}^{n-1} f_i^{\max} \Delta x_i = M_n \tag{4.1.7}$$

여기서 $L_n$과 $M_n$은 넓이 $A$의 최솟값과 최댓값입니다. 인덱스 $n$은 분할의 개수를 의미하며 $L_n$과 $M_n$을 결정하는 유일한 변수입니다. 분할의 폭 $\Delta x_i$는 인덱스 $i$에 관계없이 모두 일정하고, 각 구간의 최솟값 $f_i^{\min}$과 최댓값 $f_i^{\max}$는 함수 $f$에 따라 결정됩니다. 그러나 이 부등식으로 실제 $A$의 값이 무엇인지는 알 수 없습니다.

여기서 우리가 할 수 있는 것은 분할의 개수 $n$을 늘리는 것입니다. 분할의 개수가 늘어남에 따라 최솟값 $L_n$과 최댓값 $M_n$의 차이가 $0$에 가까워진다고 가정해 봅시다. 다시 말해 $L_n$과 $M_n$의 극한이 서로 같습니다. 이 때 극한은 반드시 영역의 넓이 $A$가 되어야 합니다.

$$\lim_{n\to\infty} L_n = \lim_{n\to\infty} M_n = A$$

이를 반대로 생각하면, 그래프 아래 넓이는 $L_n$과 $M_n$의 극한이 서로 같을 때 존재합니다. 이와 같이 그래프 아래 넓이를 구하는 것을 적분integrate이라 합니다.

**함수 $f$의 정의역 구간 $[a, b]$를 균등하게 분할하여 구한 각각의 수열 $L_n$과 $M_n$의 극한이 서로 같을 때, 함수를 적분가능integrable하다고 하고, 이 때의 극한을 적분[a]이라고 합니다. 이를 기호로 아래와 같이 씁니다.[b]**

$$\int_a^b f(x)dx$$

[a]정적분definite integral이라고도 합니다.

[b]기호 $\int$는 알파벳 $S$를 늘려서 쓴 것이고, 더한다는 의미의 단어 sum의 약자입니다.

**그래프 아래 넓이를 구하는 방법을 생각해 봅시다.**

부등식 (4.1.5)에 정의한 각 구간의 최솟값 $f_i^{\min}$과 최댓값 $f_i^{\max}$를 찾고, 이를 통해 $L_n$과 $M_n$의 극한을 구하는 것은 매우 번거로울 뿐 아니라 일반적으로 불가능합니다. 그 대신 각 인덱스 $i = 0, \cdots, n-1$마다 구간 $[x_i, x_{i+1}]$의 한 점 $x_i^*$을 선택하여 그것의 함숫값 $f(x_i^*)$을 구한다고 가정해 봅시다.

$$f_i^{min} \le f(x_i^*) \le f_i^{max}$$

이 값을 높이로 갖는 직사각형의 넓이를 모두 더하여 $S_n$이라 표기하겠습니다.

$$S_n = f(x_0^*)\Delta x_0 + f(x_1^*)\Delta x_1 + \cdots + f(x_{n-1}^*)\Delta x_{n-1} = \sum_{i=0}^{n-1} f(x_i^*)\Delta x_i \quad (4.1.8)$$

이를 리만합Riemann sum이라 합니다. 리만합의 기호 $S_n$은 분할의 개수 $n$뿐 아니라 각 점 $x_i^*$의 선택에 따라 결정됩니다. (이를 일일이 표기하는 것은 번거로우므로 생략한 것 뿐입니다.)

중요한 것은 $S_n$ 또한 (4.1.7)과 같은 다음 부등식을 만족하는다는 점입니다.

$$L_n \leq S_n \leq M_n$$

처음부터 함수 $f$가 적분가능하면 $n$이 증가함에 따라 $S_n$은 $x_i^*$의 선택에 관계없이 일정한 값으로 수렴하고, 그 값은 그래프 아래 영역의 넓이 $A$와 같습니다.

$$\lim_{n \to \infty} S_n = A$$

정리하면, 함수 $f$가 구간 $[a, b]$에서 적분가능하다면, 그 값을 리만합 $S_n$의 극한으로 구할 수 있습니다.

앞서 리만합을 계산하기 위해 각 점 $x_i^*$을 선택하는 방법은 다음 두 가지가 대표적입니다.

1. 첫 번째는 각 구간의 왼쪽 끝점 $x_i$를 $x_i^*$로 선택하는 방법입니다. 이를 통해 얻은 리만합을 왼쪽합left sum이라 합니다.

$$S_n^{\text{left}} = \sum_{k=0}^{n-1} f(x_k) \Delta x_k \tag{4.1.9}$$

2. 두 번째는 각 구간의 오른쪽 끝점 $x_{i+1}$을 $x_i^*$으로 선택하는 방법입니다. 이를 통해 얻은 리만합을 오른쪽합right sum이라 합니다.

$$S_n^{\text{right}} = \sum_{k=0}^{n-1} f(x_{k+1}) \Delta x_k$$

여기서는 왼쪽합을 구현해 보겠습니다. 함수의 정의역을 곧 적분 구간으로 생각하고, 왼쪽합을 구조체 Function의 메소드로 구현해 봅시다. 편의상 모든 적분 구간은 균등 분할한다고 가정하겠습니다.

$$x_0 = a < x_1 = \frac{1}{n} < x_2 = \frac{2}{n} < \cdots < b = x_n, \quad \Delta x = \frac{b-a}{n}$$

코드 4.3

cal/function_leftsum.go

```go
package cal

```

```go
3 func (fn Function) LeftSum(sub int) float64 {
4     a, b := fn.Interval[0], fn.Interval[1]
5     xarr := Linspace(a, b, sub)
6     var sum float64
7     for i := 0; i < sub; i++ {
8         sum += fn.Formula(xarr[i])
9     }
10    dx := (b - a) / float64(sub)
11    return sum * dx
12 }
```

**코드 설명**

메소드 LeftSum은 호출한 함수의 정의역 구간에서 아래의 리만합을 이용하여 적분을 계산합니다.

라인 4: 적분 구간을 균등 분할합니다.

라인 7: 각 왼쪽 분할점에서 함수의 값을 구하여 더합니다.

라인 10: 합을 구간의 크기를 곱하여 반환합니다.

분할의 개수가 많아질수록 분할된 영역의 폭은 더욱 얇아지고 리만합과 영역의 넓이의 오차는 점점 작아집니다. 예를 들어, 구간 $[0, 1]$ 위에 정의된 함수 $f(x) = x^2$ 의 왼쪽합의 극한을 계산해 봅시다.

**코드 4.4**

cal/function_leftsum_example_test.go

```go
package cal

import "fmt"

func ExampleFunction_LeftSum() {
```

```
    f := Function{
        Interval: [2]float64{0., 1.},
        Formula:  func(x float64) float64 { return x * x },
    }
    sub := 10
    for i := 0; i < 3; i++ {
        fmt.Printf("%.5f\n", f.LeftSum(sub))
        sub *= 10
    }
    // Output:
    // 0.28500
    // 0.32835
    // 0.33283
}
```

리만합을 이용하여 $f(x) = x^2$의 적분가능성을 확인해 봅시다. 왼쪽합 (4.1.9)는 $n$에 관한 식으로 정리합니다.

$$\begin{aligned} S_n^{\text{left}} &= (f(x_0) + f(x_1) + \cdots + f(x_{n-1}))\frac{1}{n} \\ &= (0 + \frac{1}{n^2} + \cdots + \frac{(n-1)^2}{n^2})\frac{1}{n} \\ &= \frac{(n-1)n(2n-1)}{6n^3} \end{aligned}$$

여기서 거듭제곱의 합에 관한 아래의 공식을 사용합니다. (이는 귀납법induction으로 증명할 수 있습니다.)

$$\sum_{k=1}^{n} k^2 = \frac{n(n+1)(2n+1)}{6}$$

따라서 왼쪽합의 극한은 다음과 같습니다.

$$\lim_{n\to\infty} \frac{(n-1)n(2n-1)}{6n^3} = \frac{1}{3} \tag{4.1.10}$$

함수 $f(x) = x^2$는 구간 $[0, 1]$에서 단조 증가하므로 왼쪽합은 모든 리만합의 최소가 됨을 알 수 있습니다. 같은 이유로 오른쪽합은 모든 리만합의 최대가 됩니다.

$$S_n^{\text{left}} \leq S_n \leq S_n^{\text{right}} \tag{4.1.11}$$

따라서 오른쪽합의 극한 또한 $\frac{1}{3}$이라면 함수는 적분가능하다고 할 수 있습니다. 오른쪽합은 아래와 같습니다.

$$S_n^{\text{right}} = (f(x_1)+f(x_2)+\cdots+f(x_n))\frac{1}{n} = (\frac{1}{n^2}+\frac{2^2}{n^2}+\cdots+1)\frac{1}{n} = \frac{n(n+1)(2n+1)}{6n^3}$$

오른쪽합의 극한은 아래와 같습니다.

$$\lim_{n\to\infty} \frac{n(n+1)(2n+1)}{6n^3} = \frac{1}{3}$$

따라서 함수 $f(x) = x^2$는 구간 $[0, 1]$에서 적분가능합니다.

$$\int_0^1 x^2 dx = \frac{1}{3}$$

앞서 왼쪽합을 구현할 때 균등 분할을 사용하였습니다. 일반적으로 적분 구간을 반드시 균등 분할할 필요는 없습니다. 분할의 개수가 늘어날수록 분할된 모든 구간의 길이가 0에 가까워지기만 하면 됩니다. 만약 이 조건이 만족되지 않으면 영역의 넓이를 올바르게 정의할 수 없습니다. (수학 원리 4.1을 참고하세요.)

함수 $f(x) = x^2$과 같이 간단한 관계식으로 주어진 함수의 경우에는 적분가능성을 보이는 것이 어렵지 않았습니다. 그러나 일반적인 함수의 적분가능성을 보이는 것은 쉽지 않아보입니다. 모든 가능한 분할과 점 $x_k^*$의 선택을 고려해야하기 때문입니다. 이 때는 아래의 정리를 사용하는 것이 편리합니다.

> 닫힌 구간closed interval $a \leq x \leq b$에서 연속continuous**인 함수는 적분가능합니다.**

이 정리의 핵심은 닫힌 구간의 양 끝점에서도 함수가 연속이어야 한다는 점입니다. 적분 구간을 명시할 때는 경계점의 포함 유무를 명시하지 않으므로 경계점에서 함수가 무한대로 발산하는 경우에 위 정리를 사용하지 않도록 주의가 필요합니다. 예를 들어, 함수 $f(x) = \frac{1}{x}$는 열린 구간 $0 < x < 1$에서 연속이지만 $x = 0$에 가까이 갈 수록 함숫값이 무한히 커집니다.

또한 구간 $0 < x \le 1$에서 단조 감소monotonic decreasing하므로 오른쪽합과 왼쪽합은 각각 리만합의 최솟값과 최댓값이 됩니다. 이를 각각 아래와 같이 구할 수 있습니다.

$$S_n^{\text{left}} = 0 + \sum_{k=1}^{n-1} \frac{1}{k/n} = \sum_{k=1}^{n-1} n/k = n \sum_{k=1}^{n-1} \frac{1}{k}$$
$$S_n^{\text{right}} = \sum_{k=1}^{n} \frac{1}{k/n} = \sum_{k=1}^{n} n/k = n \sum_{k=1}^{n} \frac{1}{k}$$

두 값 모두 $n$이 무한대로 증가할 때 무한대로 함께 증가합니다. 따라서 함수 $f(x) = \dfrac{1}{x}$는 $0 < x < 1$에서 적분가능하지 않습니다.[2]

> **닫힌 구간에서 불연속 점이 유한 개 존재하더라도 함숫값이 그 근방에서 발산하지 않으면 적분가능합니다.**

예를 들어, §**3.1**의 함수 (3.1.1)을 다시 살펴 봅시다.

$$f(x) = \begin{cases} 1 & x \ge -1 \\ 0 & x = 0 \\ -1 & x \le 1 \end{cases} \tag{4.1.12}$$

이 함수는 $x = 0$에서 불연속입니다. 또한 구간 $[-1, 0)$과 $(0, 1]$에서는 상수함수입니다. 따라서 리만합은 $x = 0$를 포함하는 분할 구간에서 점 $x_i^*$을 양수로 선택하느냐 음수로 선택하느냐 따라 달라집니다. 구간 $[-1, 1]$을 $n$개로 균등 분할하였다면, 리만합의 최솟값과 최댓값은 각각 아래와 같습니다.

$$1 - \frac{1}{n} \le S_n \le 1 + \frac{1}{n}$$

따라서 $n \to \infty$일 때 리만합은 1로 수렴합니다. 따라서 함수 (4.1.12)는 구간 $[-1, 1]$에서 적분가능합니다. 이것이 가능한 이유는 $x = 0$ 근방에서 함숫값이 발산하지 않기 때문입니다.

지금까지는 왼쪽합과 오른쪽합만을 이용하여 적분을 계산하였습니다. 그러나 이 방법이 영역의 넓이를 구하는 가장 빠른 방법은 아닙니다.

---

[2]이렇게 경계에서 발산하는 함수의 적분을 이상 적분improper integral이라 합니다. 모든 이상 적분이 발산하는 것은 아닙니다.

**함수의 적분을 빠르게 구하는 방법을 생각해 봅시다.**

그래프 아래 영역을 사다리꼴trapezoid이나 이차식으로 근사하면 더 빠르게 적분값을 구할 수 있습니다. 먼저 사다리꼴로 근사하는 방법을 생각해 봅시다. 분할된 각 구간 $[x_i, x_{i+1}]$에서 양 끝점에서의 함숫값을 윗변과 밑변의 높이로 갖는 사다리꼴을 생각해 봅시다. 이 모양의 넓이 $A_k$는 아래와 같이 근사됩니다.

$$A_k \approx T_k = \frac{f(x_k) + f(x_{k+1})}{2} \Delta x_k$$

이 넓이를 모두 더하면 그래프 아래 넓이의 근삿값을 얻습니다. 편의상 모든 적분 구간은 그 길이를 똑같이 균등 분할한다고 가정하겠습니다. 비록 리만합 (4.1.8)과 형식이 일치하지는 않지만, 이를 넓은 의미의 리만합이라 부르고 아래와 같이 표기하겠습니다.(첨자 $^{\text{trap}}$은 사다리꼴을 의미합니다.)

$$\begin{aligned} S_n^{\text{trap}} &= \sum_{k=0}^{n-1} A_k = \sum_{k=0}^{n-1} \frac{f(x_k) + f(x_{k+1})}{2} \Delta x \\ &= \frac{1}{2} \left( f(x_0)\Delta x_0 + 2\sum_{k=1}^{n-1} f(x_k)\Delta x + f(x_n)\Delta x_{n-1} \right) \end{aligned}$$

이렇게 적분을 구하는 것을 사다리꼴 방법trapezoidal rule이라 합니다. 이를 `Function`의 메소드로 구현해 봅시다.

cal/function_trapezoid.go

코드 4.5

```go
package cal

func (fn Function) Trapezoid(sub int) float64 {
    xarr := Linspace(fn.Interval[0], fn.Interval[1], sub)
    var sum float64
    for i := 0; i <= sub; i++ {
        sum += fn.Formula(xarr[i])
        if 0 < i && i < sub {
```

```
 9                 sum += fn.Formula(xarr[i])
10             }
11         }
12         dx := (fn.Interval[1] - fn.Interval[0]) / float64(sub)
13         return sum * dx / 2
14     }
```

**코드 설명**

메소드 Trapezoid는 호출한 함수의 정의역 구간에서 사다리꼴 방법을 이용하여 적분을 계산합니다.

라인 4: 적분 구간을 균등 분할합니다.

라인 7: 각 분할점에서의 함숫값을 더합니다.

라인 8-9: 만약 분할점이 맨 왼쪽 혹은 오른쪽이 아니라면 함숫값을 한번 더 더합니다.

라인 13: 합에 구간의 크기와 상수를 곱하여 반환합니다.

다음으로 이차식으로 그래프 아래 영역을 근사하는 방법을 생각해 봅시다. 분할된 구간 $[x_i, x_{i+1}]$ 그래프를 아래의 이차식 $Q_i(x)$의 그래프로 근사한다고 가정해 봅시다.

$$Q_i(x) = a_i x^2 + b_i x + c_i$$

이차식을 결정하는 세 개의 계수 $a_i, b_i, c_i$는 그래프가 지나는 아래의 세 점으로 결정됩니다.

$$p_k = (x_k, f(x_k)), \quad q_k = \left(\frac{x_k + x_{k+1}}{2}, f\left(\frac{x_k + x_{k+1}}{2}\right)\right), \quad r_k = (x_{k+1}, f(x_{k+1}))$$

여기서 $p_k$, $r_k$는 구간의 양 끝점이고, $q_k$는 구간의 가운데점입니다. 이를 통해 결정된 이차식 $Q_k(x)$의 그래프 아래 영역의 넓이 $A_k$는 아래와 같습니다. (계산 과정은 수학 원리 4.3을 참고하세요.)

$$A_k = \left(4f\left(\frac{x_k + x_{k+1}}{2}\right) + f(x_k) + f(x_{k+1})\right)\frac{\Delta x_k}{6}$$

여기서도 적분 구간을 균등 분할하였다고 가정합니다. 이 경우 함수 $f$의 적분을 아래의 리만합으로 근사할 수 있습니다.

$$S_n^{\text{simp}} = \sum_{k=0}^{n-1} A_k = \sum_{k=0}^{n-1} \left(4f\left(\frac{x_k + x_{k+1}}{2}\right) + f(x_k) + f(x_{k+1})\right)\frac{\Delta x_k}{6} \tag{4.1.13}$$

이를 심슨법Simpson's rule이라 합니다. 이 방법은 앞의 세 가지 방법(왼쪽합, 오른쪽합, 사다리꼴 방법)보다 훨씬 빠르고 정확합니다. 따라서 이를 적분을 가리키는 대표 함수로 구현해 봅시다.

코드 4.6

cal/function_integral.go

```
package cal

const NsubInt = 50000

func (fn Function) Integral() float64 {
    a, b := fn.Interval[0], fn.Interval[1]
    xarr := Linspace(a, b, NsubInt)
    var sum float64
    f := fn.Formula
    for i := 0; i < NsubInt; i++ {
        a, b := xarr[i], xarr[i+1]
        sum += (f(a) + 4*f((a+b)/2) + f(b))
    }
    dx := (b - a) / NsubInt
    return sum * dx / 6
}
```

수학 원리 4.1

적분가능하다는 개념은 리만합을 구하기 위한 적분 구간의 분할 방법에 무관하게 리만합의 극한이 일정함을 의미합니다. 단, 여기서 중요한 가정 하나가 필요합니다. 바로 분할된 각 구간의 길이가 0으로 수렴해야 한다는 것입니다.

예를 들어, 구간 $[0, 1]$을 다음과 같이 분할하였다고 가정해 봅시다.

$$\begin{aligned} x_0 &= 0 \\ x_1 &= \frac{1}{2} \\ x_2 &= \frac{1}{2} + \frac{1}{4} = \frac{3}{4} \\ x_3 &= \frac{1}{2} + \frac{1}{4} + \frac{1}{8} = \frac{7}{8} \\ &\vdots \\ x_{n-1} &= \frac{1}{2} + \frac{1}{4} + \cdots + \frac{1}{2^{n-1}} = \frac{2^{n-1} - 1}{2^{n-1}} \\ x_n &= 1 \end{aligned} \tag{4.1.14}$$

이 분할 방법은 분할의 개수를 아무리 늘리더라도 최초 분할된 구간의 크기는 변하지 않습니다.

$$\Delta x_0 = \frac{1}{2}, \quad \Delta x_1 = \frac{1}{4}, \quad \Delta x_2 = \frac{1}{8}, \quad \cdots, \quad \Delta x_{n-1} = \frac{1}{2^{n-1}}, \quad \Delta x_n = \frac{1}{2^{n-1}}$$

이 방식으로 함수 $f(x) = x^2$의 왼쪽합과 오른쪽합을 구해 봅시다.

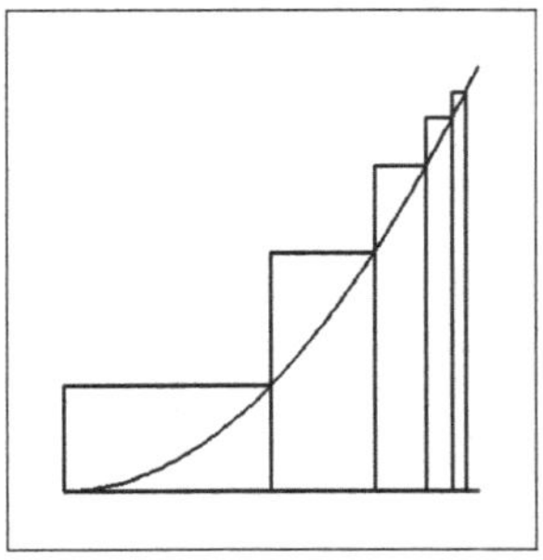

그림 4.3: 비균등 분할의 예

함수는 단조 증가하므로 부등식 (4.1.11)이 여전히 성립하고, 왼쪽합과 오른쪽합은 모든 리만합의 최솟값과 최댓값입니다.

$$S_n^{\text{left}} = 0 \cdot \frac{1}{2} + + \left(\frac{1}{2}\right)^2 \cdot \frac{1}{4} + \left(\frac{3}{4}\right)^2 \cdot \frac{1}{8} + \cdots + \left(\frac{2^{n-1}-1}{2^{n-1}}\right)^2 \cdot \frac{1}{2^{n-1}}$$
$$S_n^{\text{right}} = \left(\frac{1}{2}\right)^2 \cdot \frac{1}{2} + \left(\frac{3}{4}\right)^2 \cdot \frac{1}{4} + \cdots + \left(\frac{2^{n-1}-1}{2^{n-1}}\right)^2 \cdot \frac{1}{2^{n-1}} + 1 \cdot \frac{1}{2^{n-1}}$$

분할의 개수를 늘려서 계산해 보면 왼쪽합과 오른쪽합은 서로 같은 값으로 수렴하지 않는 것을 볼 수 있습니다.

$$0.2381 \leq S_n \leq 0.4762 \tag{4.1.15}$$

이는 영역의 넓이를 계산할 수 없기 때문이 아니라 분할 방법이 잘못되었기 때문에 나타나는 결과입니다.

분할된 각 구간의 길이 중에서 가장 큰 것을 분할의 크기size of partition라 합니다.

$$\max_{0 \leq k \leq n-1} \Delta x_k \tag{4.1.16}$$

예를 들어, 식 (4.1.14)의 분할의 크기는 $\frac{1}{2}$입니다. 식 (4.1.15)와 같이 왼쪽합과 오른쪽합이 서로 같은 값으로 수렴하지 않는 이유는 분할의 개수가 증가하더라도 분할의 크기가 0으로 수렴하지 않기 때문입니다.

적분가능성은 분할의 크기 (4.1.16)이 0에 수렴하는 분할만을 가정합니다. 다시 말해 구간 $[a, b]$에서 함수 $f(x)$가 적분가능하다는 것은

- 분할의 크기가 0에 수렴하는 임의의 분할과
- 분할된 각 구간 $[x_i, x_{i+1}]$의 임의의 점 $x_i^*$에 대해

분할의 개수 $n$이 증가하면 리만합 (4.1.8)이 항상 일정한 값으로 수렴하는 것을 말합니다.

## 수학 원리 4.2

함숫값이 발산하지 않더라도 불연속 점이 무한히 많으면 적분가능하지 않을 수 있습니다. 예를 들어, 구간 $[0, 1]$에서 아래와 같이 정의된 함수를 생각해 봅시다.

$$f(x) = \begin{cases} 1 & x\text{는 유리수일 때} \\ 0 & x\text{는 무리수일 때} \end{cases} \tag{4.1.17}$$

이 함수는 구간 $[0, 1]$의 모든 점에서 불연속이지만 함숫값이 0과 1로 제한되어 있습니다. 리만합을 구하기 위해 구간을 $n$개로 균등분할하면 각 구간에서 점 $x_i^*$은 유리수로 선택할 수도 있고 무리수로 선택할 수도 있습니다. 따라서 리만합이 항상 0이 되도록 할 수도 있고 항상 1이 되도록 할 수도 있습니다. 이는 분할의 개수 $n$에 관계없이 가능하므로 함수는 적분가능하지 않습니다. 함수 (4.1.17)이 적분가능하지 않다는 것은 그래프 아래 넓이가 존재하지 않는다는 것과 같습니다. 그런데 실제로 이 함수의 그래프를 그린다면 어떤 모양이 될까요? 유리수와 무리수는 모두 무한히 많으니 두 개의 수평선 $y = 0$과 $y = 1$ 위에 똑같이 많은 무한히 많은 점이 찍힌 것처럼 보입니다. 그러나 사실 무리수는 유리수보다 훨씬 더 많습니다. 무리수는 셀 수 없을 만큼 많습니다. (이 크기를 비가산uncountable이라 합니다.) 반면 유리수는 셀 수 있을 만큼 많습니다. (이 크기를 가산countable이라 합니다.) 따라서 함수 (4.1.17)의 그래프는 거의 $y = 0$에만 놓인 것처럼 보입니다. 이러한 관점에서 보면 그래프 아래 넓이를 0이라 생각할 수도 있습니다. 이러한 적분 방법은 측도론measure theory에서 적분을 정의하는 또 다른 방법이기도 합니다.

**수학 원리 4.3**

심슨법 (4.1.13)을 유도하는 핵심은 아래의 일차연립방정식system of linear equation을 만족하는 세 개의 계수 $a_k, b_k, c_k$를 찾는 것입니다.

$$a_k x_k^2 + b_k x_k + c_k = f(x_k) \tag{4.1.18}$$

$$a_k \left(\frac{x_k + x_{k+1}}{2}\right)^2 + b_k \left(\frac{x_k + x_{k+1}}{2}\right) + c_k = f\left(\frac{x_k + x_{k+1}}{2}\right) \tag{4.1.19}$$

$$a_k x_{k+1}^2 + b_k x_{k+1} + c_k = f(x_{k+1}) \tag{4.1.20}$$

이를 통해 결정된 이차식 $y = a_k x^2 + b_k x + c_k$의 그래프 아래 넓이를 구간 $[x_k, x_{k+1}]$에서 구해 봅시다.

$$A_k = \int_{x_k}^{x_{k+1}} a_k x^2 + b_k x + c_k dx$$

이를 다음과 같이 계산할 수 있습니다.

$$\begin{aligned} &\frac{a_k}{3}x^3 + \frac{b_k}{2}x^2 + c_k x \Big|_{x_k}^{x_{k+1}} \\ &= \frac{a_k}{3}(x_{k+1}^3 - x_k^3) + \frac{b_k}{2}(x_{k+1}^2 - x_k^2) + c_k(x_{k+1} - x_k) \end{aligned}$$

$$= (x_{k+1} - x_k)\left(a_k \frac{x_{k+1}^2 + x_{k+1}x_k + x_k^2}{3} + b_k \frac{x_{k+1} + x_k}{2} + c_k\right)$$

여기서 $\Delta x_k = x_{k+1} - x_k$에 곱해진 식은 $x_k$와 $x_{k+1}$의 이차식입니다. 식 (4.1.18)과 식 (4.1.20)을 변끼리 더하고 여기에 식 (4.1.19)의 양변을 4로 곱한 것을 다시 변끼리 더하면 위의 식에 6이 곱해진 것과 같음을 알 수 있습니다.

$$6A_k = \left(f(x_k) + 4f\left(\frac{x_k + x_{k+1}}{2}\right) + f(x_{k+1})\right)\Delta x_k$$

## 4.2 크기를 정의하는 법: 면적area과 부피volume

길이, 면적, 부피는 기하학적 크기size를 계산하는 대표적인 값입니다. 그래프 아래 넓이를 적분으로 정의한 것처럼 길이와 부피 또한 적분으로 정의하는 것이 가능합니다.

> **어떤 대상의 크기를 구하는 과정은 다음과 같습니다.**
>
> 1. **대상을 일정한 모양으로 분할합니다. 이 때 분할된 영역은 직관적으로 크기를 구할 수 있는 직선, 직사각형, 혹은 직육면체의 모양이어야 합니다. 또한 분할의 개수 $n$을 늘리는 것이 가능한 방식이어야 합니다.**
> 2. **분할된 각 영역의 길이, 넓이, 또는 부피를 구합니다. 이를 모두 더해 전체 크기를 근사합니다.**
> 3. **분할의 개수 $n$을 무한히 늘렸을 때 극한이 항상 같은 값으로 수렴하는지 확인합니다.**

**매개 곡선의 길이를 구해 봅시다.**

원주의 길이를 구해 봅시다. 원주율 $\pi$가 단위원의 둘레의 길이의 반이라는 것은 라디안의 정의이지만, 실제 $\pi$의 값을 알려주지는 않습니다. 따라서 적분을 이용하여 원주의 길이를 근사하고, 이를 통해 $\pi$를 정확히 근사해 봅시다.

단위원의 경계는 구간 $-1 \leq x \leq 1$ 위에 정의된 아래의 두 함수의 그래프로 표현할 수 있습니다.

$$f_1(x) = \sqrt{1 - x^2}, \quad f_2(x) = -\sqrt{1 - x^2}$$

두 함수 $f_1, f_2$는 $x$축에 대칭이므로 경계의 길이를 구하려면 함수 $f_1$의 그래프의 길이를 구한 뒤 이를 두 배하면 됩니다. 사실 함수 $f_1$의 그래프 또한 $y$축에 대칭이므로 더 작은 구간 $\frac{-1}{\sqrt{2}} \leq x \leq \frac{1}{\sqrt{2}}$에서 길이를 구한 뒤 이를 네 배하면 됩니다.

먼저 구간 $[\frac{-1}{\sqrt{2}}, \frac{1}{\sqrt{2}}]$을 $n$개로 (균등하게) 분할해 봅시다.

$$\frac{-1}{\sqrt{2}} = x_0 < x_1 < \cdots < x_n = \frac{1}{\sqrt{2}}$$

분할된 각 구간에서 함수 $f_1$의 그래프는 아래의 두 이차원 점을 잇는 선분line으로 근사할 수 있습니다.

$$(x_k, f_1(t_k)), \quad (x_{k+1}, f_1(x_{k+1}))$$

이 선분의 길이를 $L_k$라 하면 그래프의 길이는 이를 모두 더한 것으로 근사할 수 있습니다.

$$\sum_{k=0}^{n-1} L_k = \sum_{k=0}^{n-1} \sqrt{(x_{k+1} - x_k)^2 + (f_1(x_{k+1}) - f_1(x_k))^2} \tag{4.2.1}$$

이를 리만합과 비슷한 형태로 아래와 같이 다시 쓸 수 있습니다.

$$S_n = \sum_{k=0}^{n-1} \sqrt{1 + \left(\frac{f_1(x_{k+1}) - f_1(x_k)}{x_{k+1} - x_k}\right)^2} \Delta x_k \tag{4.2.2}$$

여기서 제곱근 안의 분수항은 §3.3의 평균값 정리 (3.3.7)에 의해 아래와 같이 쓸 수 있습니다. (이것이 가능한 이유는 각 분할된 구간에서 함수 $f_1$이 미분가능하기 때문입니다.)

$$\frac{f_1(x_{k+1}) - f_1(x_k)}{\Delta x_k} = f_1'(x_k^*)$$

여기서 $x_k^*$는 구간 $x_k \le t \le x_{k+1}$의 어떤 값입니다. 이를 리만합 (4.2.2)에 대입하고 분할의 개수 $n$을 무한히 늘리면 아래의 식을 얻습니다.

$$\lim_{n \to \infty} \sum_{k=0}^{n-1} \sqrt{1 + (f_1'(x_k^*))^2} \Delta x_k = \int_{-1/\sqrt{2}}^{1/\sqrt{2}} \sqrt{1 + (f_1'(x))^2} dx$$

이제 $f_1'(x)$를 대입해 봅시다.

$$f_1'(x) = \frac{d}{dx}\bigg| \sqrt{1 - x^2} = \frac{-x}{\sqrt{1 - x^2}}$$

따라서 원주의 길이는 아래의 적분식으로 구할 수 있습니다.

$$2 \int_{-1/\sqrt{2}}^{1/\sqrt{2}} \sqrt{1 + \frac{x^2}{1 - x^2}} dx = 2 \int_{-1/\sqrt{2}}^{1/\sqrt{2}} \frac{1}{\sqrt{1 - x^2}} dx$$

이를 테스트 함수로 계산해 봅시다.

코드 4.7

cal/function_integral_example_test.go

```
package cal
```

```

import "fmt"

func ExampleFunction_Integral() {
    f := Function{
        Interval: [2]float64{-1 / Sqrt(2), 1 / Sqrt(2)},
        Formula: func(x float64) float64 {
            return 1 / Sqrt(1-x*x)
        },
    }
    fmt.Printf("%.4f\n", 4*f.Integral())
    // Output: 6.2832
}
```

따라서 단위원의 원주의 길이는 대략 $2\pi \approx 6.2832$ 입니다. 이와 같이 구간 $a \le x \le b$ 위의 함수 $f(x)$ 의 그래프의 길이는 아래의 적분식으로 구할 수 있습니다.

$$\int_a^b \sqrt{1+(f'(x))^2}dx$$

이 방법을 이용하여 매개 곡선의 길이를 구해 봅시다.

편의상 반지름이 1이고, 중심이 점 $(0,1)$ 인 원을 생각합시다. 이 원이 $x$축을 따라 양의 방향으로 미끄러지지않고 굴러간다고 가정해 봅시다. 이때 원주 위의 한 점이 지나간 자취trajectory를 사이클로이드cycloid라고 합니다. [그림 4.4]의 빨간색 점은 점 $(0,0)$ 이 만든 사이클로이드 곡선을 그린 것입니다.

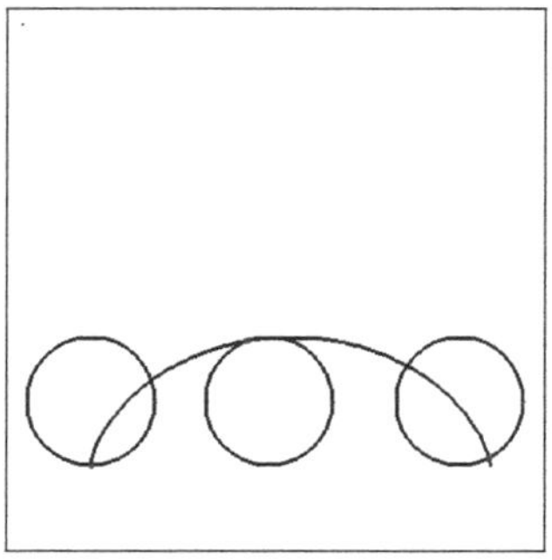

그림 4.4: 사이클로이드 그래프

사이클로이드 곡선을 매개화해 봅시다. 원이 $t$ 라디안 각만큼 회전하면 원의 중심은 오른쪽으로 $t$만큼 움직입니다. 그리고 점 $p$는 원의 중심을 기준으로 $\frac{-\pi}{2}$ 의 각에서 출발하여 시계 방향으로 $t$만큼 회전합니다. 즉, 점 $p$는 원의 중심에서 $(\cos(-t), \sin(-t))$ 의 위치에 있고, 원의 중심은 $(t, 0)$만큼 이동한 상태입니다. 이를 종합하여 점 $p$의 좌표를 아래와 같이 매개화할 수 있습니다.

$$\begin{aligned} x(\theta) &= t + \cos\left(-\frac{\pi}{2} - t\right) = t - \sin(t) \\ y(\theta) &= 1 + \sin\left(-\frac{\pi}{2} - t\right) = 1 - \cos(t) \end{aligned} \tag{4.2.3}$$

매개 변수의 범위를 $0 \leq t \leq 2\pi$라 합시다. 이는 원이 한 바퀴 도는 것을 의미하고, 이 때 그려진 사이클로이드 곡선의 길이를 구해봅시다. 먼저 매개 변수의 범위를 $n$개로 균등 분할하여 곡선을 $n$개의 조각으로 분해합니다.

$$0 = t_0 < t_1 < \cdots < t_n = 2\pi$$

잘려진 각 곡선의 길이 $L_k$를 근사하는 방법은 크게 두 가지가 있습니다. 하나는 식 (4.2.1)과 같이 양 끝점을 잇는 선분의 길이로 근사하는 방법입니다.

$$L_k = \sqrt{(x(t_{k+1}) - x(t_k))^2 + (y(t_{k+1}) - y(t_k))^2}$$

다른 하나는 점의 속도를 이용하여 이동 거리를 근사하는 방법입니다. 구간의 한 점 $t_k^*$에서 측정한 속도의 크기에 시간의 변화량 $\Delta t_k$를 곱합니다.

$$L_k = \sqrt{x'(t_k^*)^2 + y'(t_k^*)^2}\Delta t_k \tag{4.2.4}$$

만약 매개 곡선의 성분함수가 미분가능하다면, 어느 방법을 사용하더라도 같은 결과를 얻습니다. 여기서는 두 번째 방법으로 길이를 근사해 보겠습니다. 식 (4.2.4)로 구한 각 구간의 길이를 더한 뒤, 분할의 개수 $n$을 무한히 늘리면 전체 길이가 됩니다.

$$L = \lim_{n\to\infty} \sum_{k=0}^{n-1} \sqrt{x'(t_k^*)^2 + y'(t_k^*)^2}\Delta t_k$$

여기서 오른쪽은 아래의 함수에 대한 리만합으로 볼 수 있습니다.

$$f(t) = \sqrt{x'(t)^2 + y'(t)^2}$$

따라서 매개곡선의 길이는 아래의 적분으로 구할 수 있습니다.

$$L = \int_a^b \sqrt{x'(t)^2 + y'(t)^2}dt$$

코드 4.8

cal/curve_length.go

```
package cal

func (c Curve) Length() float64 {
    x := Function{
        Interval: c.Interval,
        Formula:  c.X,
    }
    y := Function{
        Interval: c.Interval,
        Formula:  c.Y,
    }
    f := Function{
        Interval: c.Interval,
        Formula: func(t float64) float64 {
            xp := x.Differential(t)
```

```
        yp := y.Differential(t)
        return Sqrt(xp*xp + yp*yp)
    },
  }
  return f.Integral()
}
```

이를 사이클로이드 곡선의 성분 함수에 적용하여 계산해 봅시다.

코드 4.9

cal/curve_length_example_test.go

```
package cal

import (
  "fmt"
  "math"
)

var Cycloid = Curve{
  Interval: [2]float64{0, 2 * math.Pi},
  X: func(t float64) float64 {
    return t - Sin(t)
  },
  Y: func(t float64) float64 {
    return 1 - Cos(t)
  },
}

```

```
func ExampleCurve_Length() {
    fmt.Printf("%.4f\n", Cycloid.Length())
    // Output: 7.9999
}
```

참고로 사이클로이드 곡선의 길이는 **8** 입니다.

$$\int_0^{2\pi} \sqrt{(1-\cos(t))^2+\sin^2(t)}dt = \int_0^{2\pi} \sqrt{2-2\cos(t)}dt = \int_0^{2\pi} |\sin(t/2)|dt = 8$$

**영역의 넓이를 구하는 방법을 생각해 봅시다.**

앞서 함수의 그래프 아래 영역의 넓이를 적분으로 정의하였습니다. 이와 다른 방법으로 영역의 넓이를 구하는 방법을 생각해 봅시다. 예를 들어, 단위원의 영역, 즉 원반disk의 넓이를 구하는 다음과 같은 방법을 생각해 봅시다.

1. 첫 번째 방법은 원반을 직사각형 모양의 영역으로 분할하는 것입니다. 원의 대칭성에 의해 어느 방향이든 상관없지만, 계산의 편의상 $x$축에 수직한 직사각형으로 분할합니다.

2. 두 번째 방법은 원반을 얇은 원환annulus으로 분할하는 것입니다. 이 경우 원환의 위치는 중심으로부터의 거리, 즉 반지름으로 정해집니다.

첫 번째 방법을 먼저 생각해 봅시다. 이는 앞 절 **§4.1** 에서 다룬 적분의 정의와 거의 같습니다. 단위 원반에 속한 점의 $x$ 좌표의 범위 $-1 \le x \le 1$를 $n$개로 균등 분할합니다. 분할된 각 구간에서 원반 영역을 근사하는 직사각형 영역의 넓이 $A_k$는 아래의 식으로 계산할 수 있습니다. (여기서 $x_k^*$는 구간 $x_k \le x \le x_{k+1}$의 임의의 값입니다.)

$$A_k = \sqrt{1-(x_k^*)^2} - (-\sqrt{1-(x_k^*)^2}) = 2\sqrt{1-(x_k^*)^2}\Delta x_k$$

따라서 이를 모두 더한 뒤 분할의 개수 $n$을 무한히 늘리면 영역의 넓이를 얻습니다.

$$A = \lim_{n\to\infty} \sum_{k=0}^{n-1} A_k = \sum_{k=0}^{n-1} 2\sqrt{1-(x_k^*)^2}\Delta x_k = \int_{-1}^{1} 2\sqrt{1-x^2}dx$$

이를 테스트 함수로 계산해 봅시다.

코드 4.10

cal/function_integral_example_test.go

```
func ExampleFunction_Integeral_area() {
    f := Function{
        Interval: [2]float64{-1, 1},
        Formula: func(x float64) float64 {
            return 2 * Sqrt(1-x*x)
        },
    }
    fmt.Printf("%.4f\n", f.Integral())
    // Output: 3.1416
}
```

원환으로 영역을 분할하는 두 번째 방법을 살펴봅시다. 각 원환은 반지름 $r$을 매개 변수로 갖습니다. 반지름의 구간 $0 \le r \le 1$을 $n$개로 분할해 봅시다.

$$0 = r_0 < r_1 < \cdots < r_n = 1$$

분할된 각 구간에서 한 점 $r_k^*$를 정합니다. 분할된 각 원환이 얇고 말랑말랑해서[3] 평평한 면에 펼칠 수 있다고 가정해 봅시다. 이렇게 펼친 영역은 너비가 $2\pi r_k^*$이고 높이가 $\Delta r_k$인 직사각형으로 근사됩니다. (너비는 반지름이 $r_k^*$인 원의 둘레입니다.) 따라서 원환의 넓이 $A_k$는 아래와 같이 근사됩니다.

$$A_k = 2\pi r_k^* \Delta r_k$$

이를 모두 더한 뒤 분할의 개수를 무한히 늘리면 원의 넓이를 구하는 아래의 적분식을 얻습니다.

$$A = \lim_{n\to\infty} \sum_{k=0}^{n-1} A_k = \lim_{n\to\infty} \sum_{k=0}^{n-1} 2\pi r_k^* \Delta r_k = \int_0^1 2\pi r dr$$

[3] 적당히 가위질을 해서 직선처럼 펼칠 수 있다고 생각해도 무방합니다.

이는 아래의 일차식의 적분으로 구할 수 있습니다.

$$2\pi \int_0^1 x dx = 2\pi \lim_{n\to\infty} \sum_{k=0}^{n-1} \frac{k}{n}\frac{1}{n} = 2\pi \lim_{n\to\infty} \frac{(n-1)n}{2n^2} = \pi$$

여기서 생길 수 있는 한 가지 의문은 단위원이 아닌 일반적인 모양의 영역의 넓이를 어떻게 구할 수 있는 가입니다. 한 가지 방법은 단위원의 넓이를 구하는 첫 번째 방법처럼 직사각형 영역으로 분할하는 것입니다. 그러나 이보다 더 직관적이고 일반적인 방법이 있습니다. 바로 영역을 완전히 덮는 큰 직사각형 영역을 정하고 이를 잘게 분할한 뒤 영역과 겹치는 부분의 개수를 세는 방법입니다. 이는 일차원 구간에서의 적분의 개념을 고차원 영역에서의 중적분multiple integral으로 확장시키는데 중요한 역할을 합니다. (자세한 내용은 수학 원리 4.4를 참고하세요.)

**고차원 영역의 부피를 구해봅시다.**

예를 들어, 단위구unit ball의 부피를 구해봅시다. 단위구는 삼차원 영역으로서 원점 $(0, 0)$으로부터 $1$이하의 거리만큼 떨어진 삼차원 점을 모아놓은 집합입니다. (기호 $\mathbb{B}$는 구ball를 의미합니다.)

$$\mathbb{B} = \{(x, y, z) \in \mathbb{R}^3 \mid x^2 + y^2 + z^2 \leq 1\}$$

이 영역의 부피를 구해 봅시다.

앞서 살펴본 원반의 넓이를 구하는 첫 번째 방법을 확장해 봅시다. $z$축에 수직한 방향으로 잘라 얇은 두께의 원반 영역으로 분할하는 방법입니다. 단위구 내의 삼차원 점 $(x, y, z)$의 $z$축 좌표는 구간 $-1 \leq z \leq 1$사이에 있습니다. 이를 $n$개로 균등분할하여 봅시다.

$$-1 = z_0 < z_1 < \cdots < z_n = 1$$

높이 $z_k^*$에서 잘린 단위구의 단면은 아래의 반지름을 갖는 원반입니다.

$$r_k^* = \sqrt{1 - (z_k^*)^2}$$

이렇게 잘린 원반의 두께는 $\Delta z_k$이므로 그 부피 $V_k$는 아래와 같습니다.

$$V_k \approx \pi (r_k^*)^2 \Delta z_k = \pi(1 - (z_k^*)^2)\Delta z_k$$

따라서 전체 부피 $V$는 아래의 적분식으로 구할 수 있습니다.

$$V = \lim_{n\to\infty} \sum_{k=0}^{n-1} \pi(1-(z_k^*)^2)\Delta z_k = \int_{-1}^{1} \pi(1-z^2)dz = \pi\left(z - \frac{z^3}{3}\right)\bigg|_{-1}^{1} = \frac{4\pi}{3}$$

이러한 시도를 더욱 확장하면 사차원 구의 부피를 구할 수도 있습니다. 사차원 공간이란 네 개의 수직한 축으로 이루어진 공간입니다.[4] 사차원 구는 원점 $(0,0,0,0)$으로부터 $1$이하의 거리만큼 떨어진 사차원 점을 모아놓은 집합입니다. (첨자 $^4$는 사차원을 의미합니다.)

$$\mathbb{B}^4 = \{(x,y,z,w) \in \mathbb{R}^4 \mid x^2+y^2+z^2+w^2 \le 1\}$$

이 영역의 부피를 구하는 한 가지 방법은 $w$축에 수직하게 영역을 자르는 것입니다. 사차원 구의 $w$축의 좌표는 $-1 \le w \le 1$ 사이에 있습니다. 이를 $n$개로 분할하여 봅시다. 각 $w_k^*$에서 자른 사차원 단위구의 단면은 삼차원 구이고, 그 반지름은 아래와 같습니다.

$$r_k^* = \sqrt{1-(w_k^*)^2}$$

모든 삼차원 단위구는 닮음이므로 그 부피는 반지름의 세제곱에 비례합니다. 따라서 앞서 구한 삼차원 단위구의 부피에 $r^3$를 곱하면 반지름이 $r$인 구의 부피가 됩니다.

$$V(r) = \frac{4\pi}{3}r^3$$

따라서 사차원 단위구의 부피 $V$는 아래의 적분식으로 구할 수 있습니다.

$$V = \lim_{n\to\infty} \sum_{k=0}^{n-1} V(r_k^*)\Delta w_k = \int_{-1}^{1} \frac{4\pi}{3}(1-w^2)^{\frac{3}{2}}dw$$

**수학 원리 4.4**

단위원의 넓이를 구하는 방법을 하나 더 생각해 봅시다. 단위원은 아래의 구간에서 정의된 이차원 정사각형 영역에 완전히 포함됩니다.

$$-1 \le x \le 1, \quad -1 \le y \le 1$$

이제 이 영역을 $x, y$축 방향으로 각각 $n$개로 균등분할하여 총 $n^2$개의 정사각형 영역을 만들어

[4] 이를 이차원의 이미지로 표현할 수는 없기 때문에 상상력을 이용하는 수 밖에 없습니다.

봅시다. 왼쪽에서 $i$번째, 아래에서 $j$번째 분할된 정사각형 영역은 아래의 구간에서 정의되어 있습니다. ($i = 0, 1, \cdots, n-1$, $j = 0, 1, \cdots, n-1$ 입니다.)

$$\frac{i}{n} \leq x \leq \frac{i+1}{n}, \quad \frac{j}{n} \leq y \leq \frac{j+1}{n}$$

이제 $n^2$개의 모든 정사각형을 돌아다니며 각 정사각형의 왼쪽 아래 모서리의 좌표점 $\left(\frac{i}{n}, \frac{j}{n}\right)$이 단위원의 내부 또는 경계에 있으면 넓이 $\frac{1}{n^2}$을 더합니다. 이렇게 구한 넓이를 $n$을 무한히 늘렸을 때의 극한을 계산하면 단위원의 넓이와 같아집니다. [그림 4.5]는 $n = 25$일때의 경우를 그린 것입니다.

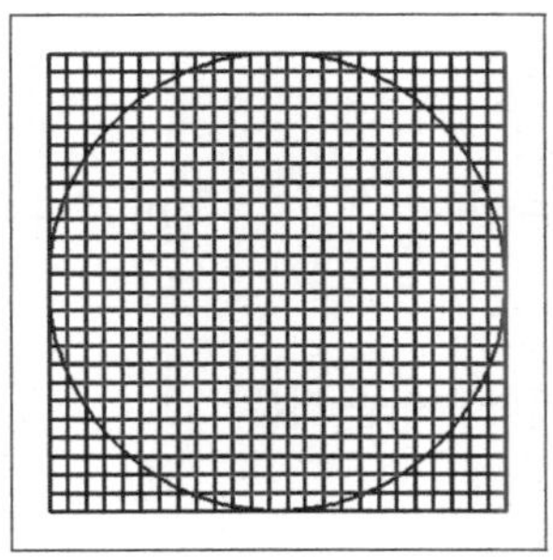

그림 4.5: 원의 넓이를 구하는 방법

여기에는 총 625개의 정사각형 영역이 있고, 이 중 484개의 영역의 왼쪽 아래 모서리가 원의 내부(또는 경계)에 있습니다. 전체 정사각형의 넓이는 4이므로 단위원의 넓이는 대략 다음과 같습니다.

$$4 \cdot \frac{484}{625} = 3.0976$$

여기서 $n = 50, 100$으로 늘리면 점점 실제 값에 근접하는 것을 볼 수 있습니다.

$$4 \cdot \frac{1959}{2500} = 3.1344, \quad 4 \cdot \frac{7843}{10000} = 3.1372$$

이렇게 이차원 점 $(x, y)$를 입력값으로 갖는 함수를 이변수함수two variable function라고 하고, 주어진 이차원 점이 특정 영역 내에 있는지를 판별하는 함수를 표시함수indicator function라고 합니다. 방금 보인 원의 넓이를 구하는 방법은 일반적인 이차원 영역의 넓이는 정의하는 유일한 방법입니다. 이차원 영역 $S$와 그것의 상태 함수를 $I$라 합시다.

$$I(x, y) = \begin{cases} 1 & (x, y) \in S \\ 0 & (x, y) \notin S \end{cases}$$

이제 이차원 영역 $S$를 완전히 포함하는 아래의 직사각형 영역이 주어졌다고 해 봅시다.

$$a_1 \le x \le b_1, \quad a_2 \le y \le b_2$$

각 $x, y$의 구간을 $n$개로 균등 분할하여 만든 길이를 각각 $\Delta x$, $\Delta y$라 합시다. 그러면 영역 $S$의 넓이 $A$는 아래와 같이 정의됩니다.

$$A = \lim_{n \to \infty} \sum_{\substack{i=0 \\ j=0}}^{n-1} I(x_i^*, y_j^*) \Delta x \Delta y$$

이를 적분 기호로 아래와 같이 표기하고 이중 적분double integral이라고 합니다.

$$A = \iint_S dxdy$$

이를 삼중 적분triple integral과 같은 중적분의 개념으로 확장할 수 있으며, 이는 고차원 영역의 넓이뿐 아니라 다변수 함수multivariable function[a]의 적분을 정의합니다.

[a]여러 개의 실숫값을 입력값으로 갖는 함수를 말합니다.

## 4.3 미분과 적분의 확장: 미적분학의 기본정리Fundamental theorem of Calculus와 미분 형식differential form

수학에서 기본정리라고 불리는 몇 가지 명제가 있습니다.[5] 그 중에서 미적분학의 기본정리는 가장 유명하고 잘 알려진 정리입니다.

함수 $f$를 닫힌 구간 $[a, b]$에서 정의된 연속 함수라 가정해 봅시다. 이 구간 위에서 새로운 함수 $F(x)$를 다음과 같이 정의해 봅시다.

$$F(x) = \int_a^x f(t)dt \tag{4.3.1}$$

함수 $f(x)$는 연속이므로 적분가능합니다. 따라서 함수 $F(x)$는 잘 정의되어 있습니다. 이제 함수 $F(x)$의 도함수를 구해 봅시다.

$$\begin{aligned} &\lim_{h\to 0} \frac{F(x+h) - F(x)}{h} \\ &= \lim_{h\to 0} \frac{1}{h} \int_x^{x+h} f(t)dt \\ &= \lim_{\substack{h\to 0 \\ n\to\infty}} \frac{1}{\cancel{h}} \sum_{k=0}^{n-1} \left( f(x) + f\left(x + \frac{h}{n}\right) + \cdots + f(x+h) \right) \frac{\cancel{h}}{n} \end{aligned} \tag{4.3.2}$$

위 식의 마지막에서 $h \to 0$이면 괄호 안의 모든 항이 $f(x)$로 수렴합니다. 항의 개수는 $n$이고 이는 분모의 $n$과 상쇄됩니다. 따라서 극한 (4.3.2)는 $f(x)$에 수렴할 것으로 예측할 수 있습니다.

미적분학의 기본정리는 다음과 같습니다.

> **함수 (4.3.1)은 $f(x)$의 역도함수입니다.**
>
> $$\frac{d}{dx} \int_a^x f(t)dt = f(x) \tag{4.3.3}$$

지금까지 살펴본 적분의 개념을 상기하면, 이 절의 처음에 언급하였듯이 미분과 적분은 서로 반대의 개념이라기 보다 서로 비슷한 점이 많은 개념이라는 것을 알 수 있습니다. 예를 들어, 미분과 적분은 모두 극한의 개념을 바탕으로 정의됩니다. 흔히 적분을 미분의 반대라고 인식하는

[5] 대수학의 기본정리 등이 있습니다.[2]

이유는 미분을 도함수derivative를 구하는 과정으로, 그리고 적분을 그 반대의 과정, 즉 역도함수antiderivative를 구하는 과정으로 다루기 때문입니다. 그러나 이는 미적분학의 기본정리의 내용일 뿐입니다.

미적분학의 기본정리는 다음과 같은 의미를 가집니다.

- 미분하여 $f$가 되는 함수 $F$를 함수 $f$의 역도함수라 합니다.

$$F' = f$$

  미적분학의 기본정리는 닫힌 구간 위에서 연속 함수의 역도함수가 무엇인지를 알려줍니다.

- 미적분학의 기본정리의 아래와 같이 다르게 표현할 수 있습니다.

$$\int_a^b f(x)dx = F(b) - F(a)$$

  즉, 역도함수를 이용하면 함수의 적분을 쉽게 구할 수 있습니다.

- 적분 구간은 일차원 형태의 선분이라 할 수 있습니다. 미적분학의 기본정리는 좌표 평면 위의 매개 곡선 위에서의 적분을 정의합니다. (이를 선적분line integral이라 합니다.)

### 역도함수의 성질을 살펴봅시다.

함수의 역도함수는 유일하지 않습니다. 예를 들어, 함수 $f(t) = t^2$의 구간 $0 \leq t \leq x$에서의 적분을 구해 봅시다.

$$\begin{aligned} F(x) &= \int_0^x t^2 dt = \lim_{n\to\infty} S_n \\ &= \lim_{n\to\infty} \sum_{k=0}^{n-1} \left(\frac{kx}{n}\right)^2 \frac{x}{n} \\ &= \lim_{n\to\infty} \frac{(n-1)n(2n-1)}{6n^3} x^3 = \frac{x^3}{3} \end{aligned}$$

여기서 적분 구간을 $-1 \leq t \leq x$로 두고 다음과 같이 함수 $G(x)$를 정의해 봅시다.

$$G(x) = \int_{-1}^x t^2 dt$$

미적분학의 기본정리의 식 (4.3.3)에 의해 두 함수 $F(x), G(x)$는 모두 함수 $f(x) = x^2$의 역도함수입니다. $x > 0$일 때, $F(t)$는 구간 $0 \leq t \leq x$에서 함수 $f$의 그래프 아래 넓이를 가리킵니다. $G(t)$는 여기에 구간 $-1 \leq t \leq 0$에서의 그래프 아래 넓이를 더한 것입니다.

$$F(x) = G(x) + \int_{-1}^{0} t^2 dt$$

함수 $f(t) = t^2$는 $y$축에 대칭이므로 $-1 \leq t \leq 0$에서의 모양과 $0 \leq t \leq 1$에서의 모양이 서로 같습니다. 앞 절 §**4.1**에서 계산한 값 (4.1.10)을 이용하면 아래의 식을 얻습니다.

$$G(x) = F(x) - \int_{-1}^{0} t^2 dt = \frac{x^3}{3} - \int_{0}^{1} t^2 dt = \frac{x^3}{3} - \frac{1}{3}$$

> **함수의 모든 역도함수는 서로 상수를 더한 것 만큼 차이가 납니다.**

구간 $a \leq x \leq b$에서 정의된 두 함수 $F(x), G(x)$가 함수 $f(x)$의 서로 다른 역도함수라 가정해 봅시다. 두 함수의 차 $H = F - G$를 미분하면 영함수가 됩니다.

$$H'(x) = (F - G)'(x) = F'(x) - G'(x) = f(x) - f(x) = 0$$

§**3.3**의 평균값 정리 (3.3.7)에 의하면 어떠한 작은 구간 $a \leq a_1 \leq t \leq b_1 \leq b$ 을 잡더라도 $H$의 평균 변화율은 항상 $0$입니다. 왜냐하면 평균 변화율은 항상 한 점에서의 미분으로 주어지는데, 모든 점에서의 미분이 $0$이기 때문입니다.

$$\frac{H(b_1) - H(a_1)}{b_1 - a_1} = H'(c) = 0$$

따라서 이는 임의의 두 점 $a_1, b_1$에서 $H(a') = H(b')$이고, 이는 $H$가 상수 함수임을 말합니다.

> **점 $x = a$를 포함한 구간에서 적분가능한 함수 $f(x)$의 역도함수는 항상 아래의 형태입니다.**[a]
>
> $$F(x) + C = \int_{a}^{x} f(t)dt + C \qquad (4.3.4)$$
>
> [a]이를 부정 적분(indefinite integral)이라고 하고 기호 $\int f dx$로 표기하기도 합니다.

정의역 구간 보다 더 작은 구간 $a \le a_1 \le x \le b_1 \le b$에서의 함수 $f$의 적분을 아래와 같이 나누어 쓸 수 있습니다.

$$\int_a^{b_1} f(x)dx = \int_a^{a_1} f(x)dx + \int_{a_1}^{b_1} f(x)dx$$

즉, $a_1 \le x \le b_1$에서의 그래프 아래 넓이는 $a \le x \le b_1$에서의 그래프 아래 넓이에서 $a \le x \le a_1$에서의 그래프 아래 넓이를 뺀 것과 같습니다. 이를 식 (4.3.4)로 표현하면 다음과 같습니다.

$$\int_{a_1}^{b_1} f(x)dx = F(b_1) - F(a_1) \tag{4.3.5}$$

이는 미적분학의 기본정리 (4.3.3)과 동치입니다.

먼저 전체 구간 $a \le x \le b$을 $n$개로 분할합니다.

$$a = x_0 < x_1 < \cdots < x_n = b$$

이제 적분을 분할된 각 구간에서의 적분의 합으로 써 봅시다.

$$\int_a^b f(x)dx = \int_{x_0}^{x_1} f(x)dx + \int_{x_1}^{x_2} f(x)dx + \cdots + \int_{x_{n-1}}^{x_n} f(x)dx$$

식 (4.3.5)를 각 성분에 적용해 봅시다.

$$\int_a^b f(x)dx = (F(x_1)-F(x_0))+(F(x_2)-F(x_1))+\cdots+(F(x_n)-F(x_{n-1})) \tag{4.3.6}$$

여기서 각 함숫값의 차를 $\Delta F_k$라 표기합시다. 이는 앞 절 **§3.2**에서 소개한 함수의 변화량과 같은 것입니다.

$$\Delta F_k = F(x_{k+1}) - F(x_k)$$

이를 이용하여 (4.3.6)을 다시 기술해 봅시다.

$$\int_a^b f(x)dx = \Delta F_0 + \Delta F_1 + \cdots + \Delta F_{n-1} = \sum_{k=0}^{n-1} \Delta F_k \tag{4.3.7}$$

이 관점에서 적분을 다르게 해석할 수 있습니다.

> **구간 $a \le x \le b$에서 함수 $f(x)$의 적분은 역도함수의 변화량을 모두 더한 것과 같습니다.**

이제 변화량 $\Delta F_k$를 $dF$로, 합summation을 의미하는 기호 $\sum$를 $\int$로, 그리고 함수 $f$를 $F'$로 바꿔서 식 (4.3.7)을 다시 써 봅시다.

$$\int_a^b F'dx = \int_a^b dF$$

여기서 적분 기호를 지우면 다음 식을 얻습니다.

$$dF = F'dx \tag{4.3.8}$$

이는 앞 절 §**3.2**의 (3.2.11)에서 살펴본 미분의 의미와 매우 닮아있습니다.

$$\Delta F \approx F'\Delta x$$

만약 $dF$를 함수 $F$의 (작은) 변화량으로, $dx$를 $x$의 (작은) 변화량으로 생각하면 두 식의 의미는 같습니다. 이 경우 식 (4.3.8)의 양 변에 $dx$를 나누면 미분 연산 기호가 됩니다.

$$\frac{dF}{dx} = F'$$

여기서 $dF$와 $\Delta F$는 서로 다른 개념입니다. 기호 $dF$는 미분 형식differential form이라고 불리는 것으로서 함수 $F'$와 형식 기호 $dx$를 결합하여 만든 수학적 대상입니다.

> **구간 $a \le x \le b$내의 모든 점을 모아놓은 것을 집합 $I$으로 표기합시다. 이 구간위의 함수 $g(x)$와 형식 기호 $dx$를 결합하여 만든 미분 형식 $gdx$의 적분을 아래와 같이 정의합니다.**
>
> $$\int_I gdx = \int_a^b gdx \tag{4.3.9}$$

식 (4.3.9)의 왼쪽은 미분 형식의 적분을, 오른쪽은 §**4.1**에서 정의한 함수의 적분을 의미합니다. 즉, 미분 형식의 적분은 함수의 적분을 통해서 정의되는 개념입니다. 참고로 $gdx$와 같이 형식 기호 $dx$가 하나 달린 것을 1계 미분 형식1-form이라고 합니다. 형식 기호 $dx$가 없는 경우, 즉 함수 $g$ 자체는 0계 미분 형식0-form이라고 합니다. 식 (4.3.9)는 1계 미분 형식의 일차원 영역, 즉 구간 $I$에서 적분을 정의한 것입니다.

**0계 미분 형식의 적분은 영차원 영역, 즉 점에서의 함숫값으로 정의됩니다.**

$$\int_{\{a\}} f = f(a)$$

이제 미분 형식의 관점에서 미적분학의 기본정리를 다시 살펴봅시다.

$$\int_I dF = F(b) - F(a) = \int_{\{b\}} F - \int_{\{a\}} F \tag{4.3.10}$$

이 식의 왼쪽은 식 (4.3.8)로 정의된 1계 미분 형식 $dF$의 구간 $I$에서의 적분입니다. 오른쪽은 0계 미분 형식, 즉 함수 $F$를 두 개의 점 $\{a\}$와 $\{b\}$에서의 적분, 즉 함숫값을 계산하고 차를 구한 것입니다. 여기서 두 점은 구간 $I$의 양 끝점이자, 경계를 이루는 유일한 두 점입니다. 구간 $I$는 점 $x = a$에서 시작하여 점 $x = b$에서 끝나므로 이의 경계에 다음과 같이 부호를 붙여 형식합formal sum으로 표기합니다.

$$\partial I = \{b\} - \{a\}$$

이러한 형식합 위에서 적분을 계산할 때는 각 집합에 붙은 부호를 결괏값에 곱하여 계산하는 것으로 합니다. 즉, $\partial I$ 위에서의 함수 $F$의 적분은 다음과 같습니다.

$$\int_{\partial I} F = F(b) - F(a)$$

이를 이용하여 식 (4.3.10)을 다시 쓰면 다음과 같습니다.

$$\int_I dF = \int_{\partial I} F \tag{4.3.11}$$

다시 말해 식 (4.3.10)은 일차원 구간에서의 1계 미분 형식의 적분을 그 구간의 경계에서 0계 미분 형식의 적분으로 계산할 수 있다는 것을 말합니다. 이는 고차원 영역에서의 적분에 관한 스토크스 정리Stokes' theorem로 자연스럽게 이어집니다. (이에 관한 설명은 아래의 수학 원리 4.5를 참고하세요.)

**수학 원리 4.5**

여기서는 미분 형식의 관점에서 선적분, 면적분, 그리고 스토크스 정리를 설명합니다. 이 개념을 엄밀하게 설명하는 것은 이 책의 범위를 벗어날 뿐 아니라 너무 많은 새로운 개념을 도입해야 하므로 생략하겠습니다. (다변수 미적분학에서 다루는 다변수 함수와 편미분 등과 같은 개념을 알고 있다고 가정하고 설명하겠습니다.)

일반적으로 스토크스 정리는 삼차원 공간에 정의된 곡면[a] 위에서 어떤 벡터장vector field[b]을 적분하였을 때 그것을 곡면의 경계에서의 선적분으로 계산할 수 있음을 말합니다.

$$\int_S \nabla \times \mathbf{F} \cdot d\mathbf{S} = \int_{\partial S} \mathbf{F} \cdot d\mathbf{s} \tag{4.3.12}$$

여기서 $\partial S$는 곡면의 경계, $\mathbf{F}$는 삼차원 벡터장, $d\mathbf{S}$는 곡면의 방향과 크기를 가리키는 벡터, $d\mathbf{s}$는 경계의 방향과 크기를 가리키는 벡터를 말합니다. 이를 삼차원 좌표를 이용해서 구체적으로 기술해 봅시다.

편의상 곡면을 오른쪽 그림과 같이 평면의 일부로, 그 경계를 원주로 가정해 봅시다. 먼저 벡터장 $\mathbf{F}$의 성분 함수를 다음과 같이 표기해 봅시다.

$$\mathbf{F} = \langle P, Q, R \rangle$$

식 (4.3.12)에 등장한 기호 $\nabla \times \mathbf{F}$는 다음과 같이 정의된 벡터장 $\mathbf{F}$의 회전장curl을 가리킵니다.

$$\nabla \times \mathbf{F} = \langle R_y - Q_z, P_z - R_x, Q_x - P_y \rangle$$

그리고 곡면의 방향을 가리키는 단위 벡터unit vector[c]를 $\mathbf{N}$이라 하고 그 성분을 아래와 같이 써 봅시다. (곡면이 평면의 일부라 가정하였으므로 벡터 $\mathbf{N}$은 상수 벡터입니다.)

$$\mathbf{N} = \langle a, b, c \rangle$$

마지막으로 곡면의 경계를 매개화하는 성분 함수를 각각 $x(t), y(t), z(t)$라 하고, 이로 정의되는 매개 곡선을 $c(t)$라 써 봅시다.

$$c(t) = (x(t), y(t), z(t))$$

여기에 중요한 가정이 하나 있습니다: 매개 곡선을 따라 움직이는 점의 이동 방향은 오른손 법칙을 따릅니다. 이는 점의 이동 방향을 오른손의 네 손가락으로 가리킬 때 엄지 손가락이 가리키는 방향이 곡면의 방향 **N**이 되어야 함을 말합니다.

이제 스토크스 정리 (4.3.12)를 위의 표기로 다시 써 봅시다.

$$\int_S \langle R_y - Q_z, P_z - R_x, Q_x - P_y \rangle \cdot \langle a, b, c \rangle dS = \int_{\partial S} \langle P, Q, R \rangle \cdot \langle x', y', z' \rangle dt$$

이를 분해하면 다음과 같습니다.

$$\begin{aligned} &\int_S (R_y - Q_z) a \cdot dS + \int_S (P_z - R_x) b \cdot dS + \int_S (Q_x - P_y) c \cdot dS \\ &= \int_{\partial S} P x' dt + \int_{\partial S} Q y' dt + \int_{\partial S} R z' dt \end{aligned} \tag{4.3.13}$$

이제 오른쪽 적분식의 $x'dt$, $y'dt$, $z'dt$를 각각 $dx$, $dy$, $dz$로 바꾸어 쓰면 1계 미분 형식의 적분식이 됩니다.

$$\int_{\partial S} P dx + Q dy + R dz$$

이번에는 식 (4.3.13)의 왼쪽의 적분식을 하나씩 살펴봅시다. 먼저 $adS$는 곡면의 극소 넓이 $dS$에 방향 벡터의 $x$축 성분을 곱한 것입니다. 이는 넓이 $dS$에 해당하는 영역을 $x$축에 수직인 평면, 즉 $yz$ 평면에 사영projection시켰을 때의 넓이와 같습니다. 따라서 이를 다음과 같이 쓸 수 있습니다.

$$a \cdot dS = dydz$$

이와 같은 방법으로 $bdS$와 $cdS$를 다음과 같이 쓸 수 있습니다.[d]

$$b \cdot dS = dzdx, \quad c \cdot dS = dxdy$$

이를 종합하여 식 (4.3.13)을 다시 써 봅시다.

$$\begin{aligned} &\int_S (R_y - Q_z) dydz + \int_S (P_z - R_x) dzdx + \int_S (Q_x - P_y) dxdy \\ &= \int_{\partial S} P dx + Q dy + R dz \end{aligned} \tag{4.3.14}$$

위 식의 왼쪽은 2계 미분 형식의 적분을 오른쪽은 1계 미분 형식의 적분을 가리킵니다. 이를 등식의 원리를 이해하기 위해 미분 형식에 관한 세 가지 규칙을 소개합니다.

1. 1계 미분 형식을 미분하면 아래와 같이 2계 미분 형식을 얻습니다.

$$d(fdx) = f_x dxdx + f_y dydx + f_z dzdx \tag{4.3.15}$$

2. 같은 형식 기호 $dx$가 두 번 연속으로 나타나면 0이 됩니다. 따라서 식 (4.3.15)는 사실 다음과 같습니다.

$$d(fdx) = f_y dydx + f_z dzdx \tag{4.3.16}$$

3. 서로 다른 형식 기호의 순서를 바꾸면 부호가 바뀝니다. 즉 $dydx = -dxdy$이고, $dzdx = -dxdz$입니다. 따라서 식 (4.3.16)은 다음과 같이 쓸 수 있습니다.

$$d(fdx) = -f_y dxdy + f_z dzdx$$

위 규칙을 이용하여 식 (4.3.14)의 오른쪽에 나타난 1계 미분 형식을 미분해 봅시다.

$$\begin{aligned} & d(Pdx + Qdy + Rdz) \\ &= P_y dydx + P_z dzdx + Q_x dxdy + Q_z dzdy + R_x dxdz + R_y dydz \\ &= (Q_x - P_y)dxdy + (R_y - Q_z)dydz + (P_z - R_x)dzdx \end{aligned}$$

이렇게 얻어진 2계 미분 형식은 식 (4.3.14)의 왼쪽에 나타난 2계 미분 형식과 같습니다. 즉, 처음에 주어진 1계 미분 형식을 $\omega$로 치환하면 다음과 같은 스토크스 정리를 얻습니다.

$$\int_S d\omega = \int_{\partial S} \omega$$

이는 미분 형식으로 기술한 미적분학의 기본정리 (4.3.11)이라 할 수 있습니다. 이와 같이 미분 형식은 미분기하학에서 공간을 수치적으로 이해하는 데 중요한 역할을 합니다.

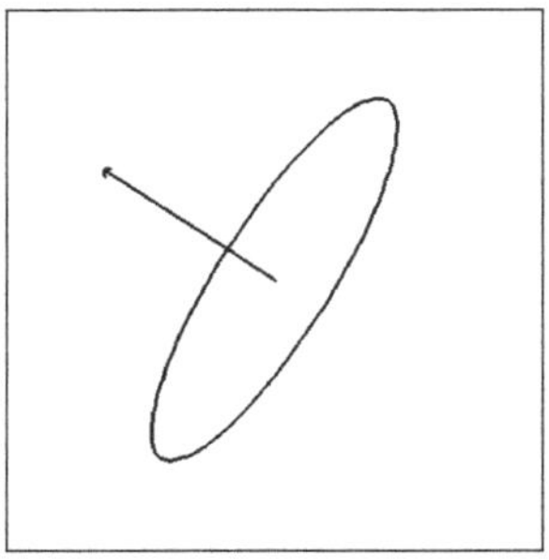

그림 4.6: 스토크스 정리의 이해

[a]방향을 정의할 수 있는 곡면이어야 합니다.

[b]삼차원 점에 삼차원 백터를 대응하는 함수를 말합니다.

[c]크기가 1인 벡터를 말합니다.

[d]여기서 $dzdx$로 쓴 것은 오른손 법칙을 지키기 위함입니다. $z$, $x$축의 순서대로 네 손가락으로 가리킬 때 엄지가 향하는 방향이 양의 $y$축이 되도록 한 것입니다.

# 부록: 그림 생성 코드

https://github.com/HyosangKang/cal

**제 3장**

**그림 3.1** cal/function_graphcontinuous_test.go의 함수 TestFunction_Graph_dirac

**그림 3.2** cal/function_graphcontinuous_test.go의 함수 TestFunction_Graph_dirac_two

**그림 3.3** cal/function_graphcontinuous_test.go의 함수 TestFunction_Graph_delta

**그림 3.5** cal/function_test.go의 함수 TestFunction

**그림 3.6** cal/function_test.go의 함수 TestFunction_GraphContinuous

**그림 3.7** cal/function_differential_test.go의 함수 TestFunction_Differential_rate

**그림 3.8** cal/function_differential_test.go의 함수 TestFunction_Differential_abs

**그림 3.9** cal/function_differential_test.go의 함수 TestFunction_Differential_x2sin

**그림 3.10** cal/function_differential_test.go의 함수 TestFunction_Differential_xsin

**그림 3.11** cal/graphics/graph_test.go의 함수 TestGraph

**그림 3.12** cal/function_derivative_test.go의 함수 TestFunction_Derivative_x2

**그림 3.13** cal/function_derivative_test.go의 함수 TestFunction_Derivative_inv

**그림 3.14** `cal/function_derivative_test.go`의 함수 `TestDerivative_mvt`

**그림 3.15** `cal/function_derivative_test.go`의 함수 `TestFunction_Derivative_cauchy`

**그림 3.16** `cal/function_derivative_test.go`의 함수 `TestFunction_Derivative_sinxx`

**그림 3.17** `cal/function_test.go`의 함수 `TestFunction_X2Sin`

**그림 3.18** `cal/function_test.go`의 함수 `TestFunction_X3Sin`

**그림 3.19** `cal/graph_test.go`의 함수 `TestGraph_linear`

**그림 3.20** `cal/graph_test.go`의 함수 `TestGraph_quadratic`

**그림 3.21** `cal/graph_test.go`의 함수 `TestGraph_cubic`

**그림 3.22** `cal/graph_test.go`의 함수 `TestGraph_log`

### 제 4장

**그림 4.3** `cal/function_leftsum_test.go`의 함수 `TestFunction_LeftSum`

**그림 4.4** `cal/curve_graph_test.go`의 함수 `TestCurve_Graph_cycloid`

**그림 4.5** `cal/curve_graph_test.go`의 함수 `TestCurve_Graph_circle`

**그림 4.6** `cal/graphics/graph_test.go`의 함수 `TestGraph_stokes`

# 참고 문헌

[1] Stoll, R. (1961): *Set theory and logic.* Dover Publications, 512p.

[2] Gamelin, T. (2001): *Complex Analysis.* Springer, 498p.

[3] Spivak, M. (1965): *Calculus on Manifold.* Addison-Wesley, 162p.

# 찾아보기

# BuiLearn Access Code
# 사용설명서

Builearn.untactedu.co.kr

KM 경문사 · UNTACTEDU

www.kyungmoon.com · www.untactedu.co.kr

- **회원가입 클릭**

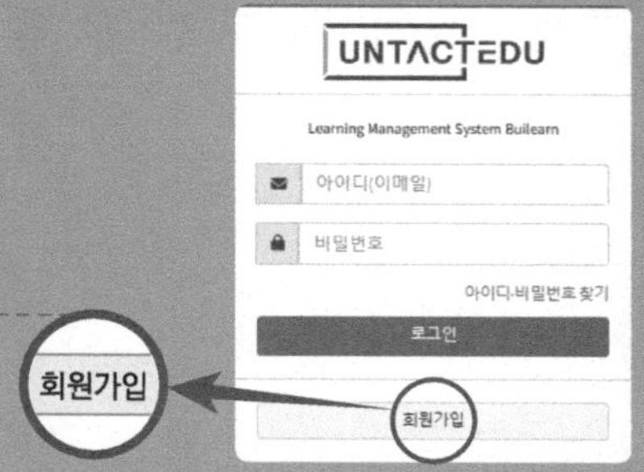


- **학생 선택**
- **채널 선택**:
  본인 소속 학교 선택 바랍니다.

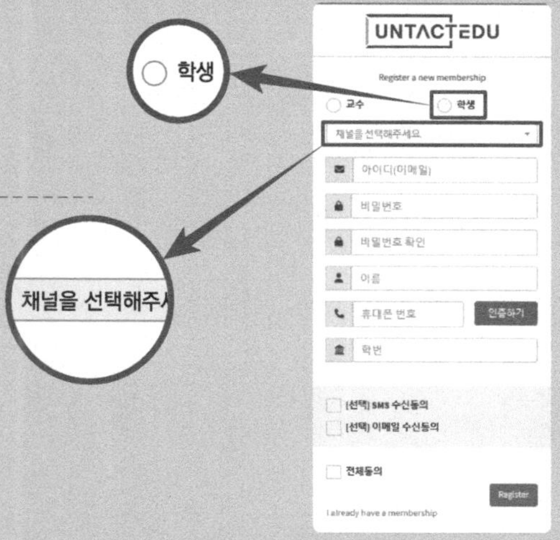


- **Manual**: 사용 매뉴얼 다운로드 가능합니다.
- **Tutorial**: 과제 수행 방법 동영상 및 실습 Tutorial 가능합니다.
- **강의신청**: 강의코드 등 검색 후 강의 신청 가능합니다.
- **Access Code 관리**: BuiLearn Access Code 입력 가능합니다.

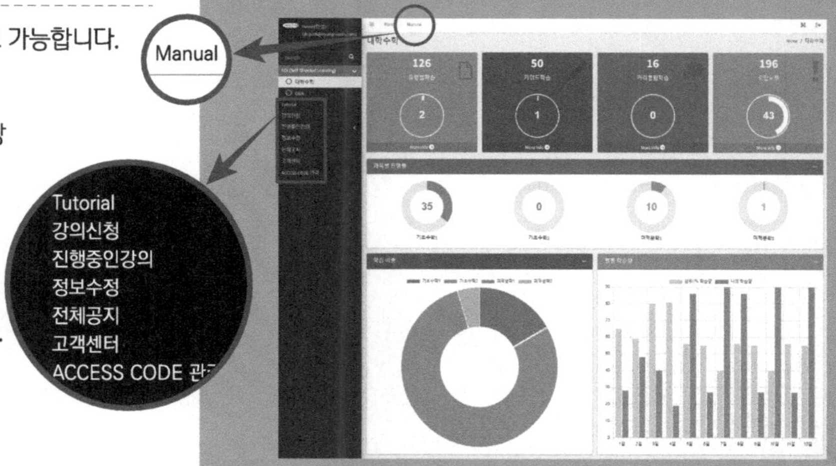


- **코드입력**: BuiLearn Access Code(BAC) 입력이 가능합니다.
- **사용이력**: BAC 사용 이력 확인이 가능합니다.

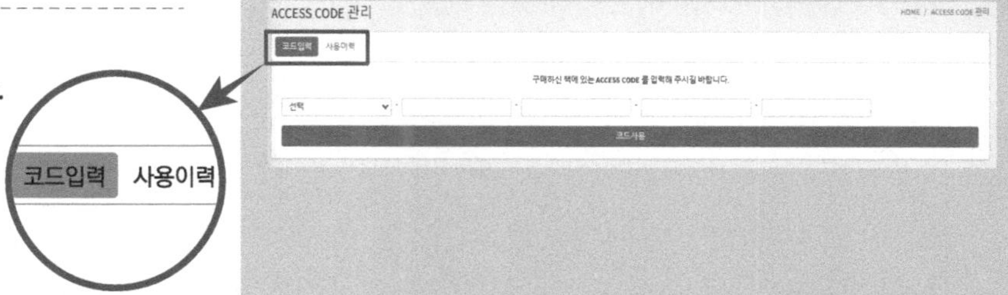


2-FESA-VMFL-3F62-61HM